青年价值观的发展

郑金香　著

黄河水利出版社
·郑州·

内容提要

社会在发展，对青年个人价值观的发展提出了新的要求。本书介绍了由自我价值观、人格价值观、精神价值观、婚姻家庭价值观和职业价值观构成的青年个人价值观系统。希望这本书对青年人具有一定的启示，能帮助青年人用坚定的步伐和无限的激情去实现自己的人生价值。希望这本书能为从事青年教育的工作者提供参考资料，推进高校素质教育的改革和新世纪人才的培养。

图书在版编目(CIP)数据

青年价值观的发展/郑金香著．—郑州：黄河水利出版社，2010.12

ISBN 978-7-80734-958-7

Ⅰ.①青… Ⅱ.①郑… Ⅲ.①青年-价值论(哲学)-研究-中国 Ⅳ.①D432.62

中国版本图书馆 CIP 数据核字(2010)第 247506 号

组稿编辑：王琦　电话：0371-66028027　E-mail：wq_731212@163.com

出 版 社：黄河水利出版社

地址：河南省郑州市顺河路黄委会综合楼 14 层　　邮政编码：450003

发行单位：黄河水利出版社

发行部电话：0371-66026940、66020550、66028024、66022620(传真)

E-mail：hhslcbs@126.com

承印单位：黄河水利委员会印刷厂

开本：787 mm×1 092 mm　1/16

印张：13.25

字数：231 千字　　印数：1—1 000

版次：2010 年 12 月第 1 版　　印次：2010 年 12 月第 1 次印刷

定价：28.00 元

前 言

《青年价值观的发展》由山东财政学院博士科研启动资金资助(编号06BSJJ04),也是山东省教育科学"十一五"规划课题(编号2010GG023)的主要成果。

青年是人生的黄金时期,也是个人价值观建立和稳定的关键时期。进入新时期之后,我国社会发生了巨大的变化,在价值观方面也发生了剧烈的震荡,一些传统的价值观内容因为不适应当前青年发展的特点,不适应时代要求,导致青年发展中的普遍性的困扰和问题,这要求建立一些适应新时期社会发展需要的个人价值标准。个人价值观的变革影响着社会系统中的所有因素,制约整个社会生活的和谐程度,社会和青年都在寻求适应社会发展特点,促进自我实现的价值观。

必须看到,由于青年正处于价值观的形成时期,他们的经验和阅历还不足以使他们在面对纷繁复杂的社会现实、多样化的价值取向时做出正确的选择。然而,在我们的教育工作中,青年价值观教育却不能令人满意,既缺乏对青年个人价值观的内容和特点的系统探讨,又没有形成一套切实可行的价值观教育理论。因此,通过对青年价值观发展的研究,我们可以了解当代青年价值观发展变化的规律、认识青年价值观形成和发展的原因、分析青年价值观教育中急需解决的问题,从而对青年价值观教育工作的顺利开展提供一定的指导和帮助。

本书的主要内容包括两大部分。第一部分包括第一、二、三章,第一章介绍价值观的定义、特征、分类、功能以及个人价值观的研究对象,第二章介绍青年的生理、心理发展的特征,第三章介绍关于青年生理、心理发展的理论,第二、三章共同揭示青年个人价值观产生的基础。第二部分包括第四、五、六、七、八、九章,第二部分是全书重点,主要是根据青年的社会发展任务,阐述在青年自我意识发展、人格养成、精神境界提升、婚姻家庭幸福、职业生涯规划方面,中国传统文化的要求,以及当代青年自我价值观、人格价值观、精神价值观、婚姻家庭价值观、职业价值观的结构和价值观的发展特征与功能。本书的第八章由张瑞、笔者执笔,其余内容均由笔者独立完成。张瑞和笔者共同负责文稿打印、文献编排等工作。

科研项目的顺利完成离不开多方面的鼎力相助，借专著出版之际，笔者衷心地感谢山东师范大学于超教授、程学超教授的培养与指津；感谢本书参考文献中的所有中外作者，没有他们前期的研究成果的启迪与给养，就不会有当前研究的现状；感谢山东财政学院社会工作专业韦熠熠、谭晓娜等同学在成书过程中提供的文稿校对的支持。最后，特别要深深感谢山东财政学院各级领导的关怀与支持。

由于笔者水平所限，书中不足或错误之处在所难免，欢迎各位专家、读者批评指正。

郑金香

2010年10月11日于济南

目 录

第一章 价值观：个人发展的研究

人们每天都在依据个人价值观来判断日常生活中的问题，例如，这样做对不对？那样做合适不合适？等等。个人价值观的形成既受其生物、遗传因素的影响，也受到其生长于其中的社会系统的制约，例如家庭、学校、朋友、社区乃至社会文化都影响个人价值观的形成，同时每个人对社会环境因素的接受程度也致使生活在同一社会环境中的个体的价值观具有明显的差异。个人价值观影响着个人的生活和行为方式。在同样的客观条件下，对于同一类事物，由于人们的价值观不同，就会产生出不同的行为。

第一节 价值观概述

一、价值观的定义

在哲学领域，“价值”是“完美”的别称，只有完美的事物才有价值。“价值”是与人的需要相联系的，因此凡是能满足人们需要的事物才有价值。价值也是主体需要与客体属性之间的统一，反映在主体的人与客体的物或人的相互作用中，只有客体对主体产生积极作用，这个客体才有价值。价值观不但会影响组织中个人的行为，还影响群体行为以及整个组织的行为。

价值观是指个体对周围的客观事物及对自己的行为结果的意义、作用、效果和重要性的总体评价和总体看法，是人们判断客观事物的是非、善恶和重要性的标准。价值观影响个体的行为或决策。例如，诺贝尔经济学奖获得者、著名心理学家西蒙曾经认为，决策判断有两种前提，其一是价值前提，其二是事实前提。在这一著名论断中，价值前提置于事实前提之前。这充分说明了价值观的重要性。

根据不同的理论基础，以往的研究者提出了诸多价值观的定义。

Williams（1967）提出，价值观是个人在评价事物时所依据的标准，对个体的计划与行为具有规范化意义，是形成社会规范或破坏社会规范的标准。

Baier（1969）认为，价值观是个体关于利害的信念，也是支持或反对某一事件或现象的态度。

Super(1970)认为,价值观是一些我们通过日常行为所期望达到的目标。价值观带来目的感,像星星一样指引着人们去探索生命空间内的某些地方,那里可能是获得意义的中心、需要得到满足的地点和让兴趣得以表达的场所。

Rokeach（1973）认为，价值观是个人与社会偏好某种特定行为方式或存在目的的状态。价值观的本质包括以下五个方面的特征：①价值观具有相对持久性。②价值观是一种规定的信念，具有认知、情感、意志和行为四个成分。③价值观不直接涉及具体的事物或情境，是一种行为方式或存在目的的状态，是一种抽象的概念。④价值观表示某种偏好，而且是关于所偏好事物的一些观念。⑤价值观是一种个人或社会组织认可、偏好事物的观念。不同价值观具有不同的普适性，某些价值观具有普遍性，而另外一些价值观则具有特殊性，仅仅为少数人所偏好。

Brown（1976）认为，价值观是个体认为重要的事物或观念，代表着个体对于这些事物或情境的欲望、偏好、喜恶以及需求。

Schwartz（1992）认为，价值观指个人期望的目标，这个目标指引着个人选择生活态度，同时也在某种程度上反映着个体生活态度。

Robbins（2006）认为，价值观是一种基本信念，在个体心目中占有重要地位，代表个体所期望的某一特定行为方式或事物的最终状态。根据代表程度的大小，可以把个人的价值观从大到小排列，形成个人的价值观体系。

Morris（1973）认为，价值是个人选择或选取行为的基础，价值基本上都有所偏好或指向，并且因指向目标的不同而分成三类不同的价值：操作（operational）价值反映个体选择行为时的实践偏好；设想（conceived）价值指个体对选择行为的后果所作的判断；客体（objective）价值指当个体根据已经具备的客观条件来选择行为的对象时，所选取事物的固有的价值，可能与其在当前实践中的价值不一定一致。

我国的研究者基于中国的社会文化背景，也给出了诸多价值观的定义。

杨国枢、李美枝等（1975）认为，价值观是个人人格结构的核心，是社会形态的反映，具有认知、情感和行为等成分，能够影响个人对日常生活事件的决策。

秦金环等（1990）认为，价值观是人们根据客观事物对自己的意义或重要性，评价与取舍客观事物的观点，具有行为指向性。

黄希庭（1992）将价值观定义为：价值观是人区分好坏、美丑、益损、正确与错误，以及符合或违背自己意愿等的观念系统，通常是充满情感的，并为人的正当行为提供充分的理由。

阴国恩等（2000）认为，价值观是人们认识和评价客观事物及现象对自身或社会的重要性时所持有的内部标准。

另外，还有其他关于价值观的定义，例如价值观是：关于价值的一定信念、倾向、主张和态度的系统观点，起着行为取向、评价标准、评价原则和尺度的作用。有的资料认为，价值一般包含三层含义：①价格。②商品的一种属性，其价值大小取决于生产这件商品所需的社会必要劳动时间的多少。③积极作用。

综观上面列举的价值观定义，可以看出，价值观是一个复杂的系统。个人价值观与其欲求、需要、兴趣、态度、信仰之间存在着密切的联系，但是价值观比兴趣、态度的概括化程度更高，反映着更为概括化的内容。价值观涵盖的内容非常广泛，既反映人们对某具体事、具体物、具体人的赞成和反对态度，也反映对知识、政治、经济、道德、宗教、审美等高度抽象化事物的是非或对错的观念。由于价值观比兴趣、态度等概念的概括性更广，因而它对个性的影响更具根本性、深远性和更强的目标指引性，成为个体自我概念和行为的决定性因素。总之，价值观是个体在后天形成的判断事物正确与否以及价值大小的基本准则，影响个体对事物的态度，决定个体的价值取向，制约个体行动与决策。

分析价值观一般遵循两个维度：一是社会价值观，是某一特定社会文化的成员所共有的判断是非的标准，强调所有社会成员所持有的价值观的共性，例如文化价值观；二是个人价值观，是社会中的某一个体成员所持有的特殊价值观，是社会个体成员对某些行为或态度的嘉许或褒扬，规定个体的行为和生活方式。社会价值观与个人价值观两者之间具有相互依存、相互影响的关系。社会通过社会化对新的社会成员进行教化，并以社会规范（social norms）的形式使每一个新成员接受主流的价值观。但是，个人价值观并非总是与社会价值观相一致的，新的价值观总是首先由社会的个别成员所持有，当它们得到越来越多的社会成员的接受时，就形成新的社会价值观。当个人价值观得不到社会中多数成员认可，或者个人价值观与社会价值观产生冲突时，社会就会采用种种手段要求个体改变自己的价值观。

二、个人价值观的特征

（一）动力性特征

价值观是个体的心理活动与行为的基本动力。动力性是指个体因为价值观冲突导致的紧张从而为个体改变自己的行为方式提供了动力，具体表现为对行为的引发、启动和维持功能。

（二）社会历史性特征

个人价值观具有社会历史性特征。不同社会历史发展阶段的个体习得的价值观是不同的。个人价值观是对社会价值观长期内化的结果，是个体社会化的结果。由于不同的社会环境和文化背景，人们形成了截然不同的个人价值观，因此个人价值观也总是反映了某一特定社会历史阶段的内容。

（三）相对稳定性

个人价值观具有相对稳定性。个人价值观为人们认识世界提供了深层的基础，形成了人们的世界观和人生观。个人价值观是随着人们认知能力的发展，在环境、教育的影响下，逐步培养而成的。在特定的时间、地点和环境条件下，人们的价值观总是相对稳定的。比如，对某种事物的好坏总有一个较为一致的看法和评价。在条件不变的情况下，对这种事物的看法也不会改变。人们的价值观一旦形成，便是相对稳定的，具有持久性。例如，某人的价值观主张，金钱不是万能的，个人的发展、友谊和感情才是最重要的。这种价值观一旦形成，不可能短时间内发生变化，甚至会伴随人的一生。再者，有些人认为“有钱能使鬼推磨”，比较看中金钱在个人生活中的意义，就像爱钱如命的葛朗台一样，至死都本性难改。这都表现了个人价值观的相对稳定性。

（四）可塑性特征

尽管个人价值观具有相对稳定性，但是由于社会环境的改变、经验的积累、知识的增长，人们的价值观也有可能会发生变化，尤其是处于青春期以前的儿童和青少年。比如，有些人认为金钱至上，在经历了一些转折性、挫折性事件后，像因为金钱失去亲情和友情等，逐渐就把金钱看轻了。个人价值观的可塑性特征还表现为下列特点。有些人在加入一个新组织之前，往往持有原先组织的价值观，或者是建立在先前经验之上的价值观。在进入新组织的初期，如果新组织加以正确引导，或者组织本身良好的价值观对这个新成员具有良好的说服力的话，这个新成员可能改变原有的价值观，而认同新组织的价值观。这表明，个人价值观可能会随着相关因素的变化而改变，也可能随着周围环境所提供的条件，而形成与新环境适应的价值观。

青少年时期正处于人格不断形成和完善的时期，青少年价值观的选择和判断功能极易受到来自外界环境的影响和社会各方面的观念思潮的冲击，处于不稳定状态。同时，青少年价值观的这种不稳定特征，也使得青少年个人价值观具有很强的可塑性。青少年在接受教育的过程中，时常会遇到令自己疑惑和矛盾的问题，常常一方面感到"天下兴亡，匹夫有责"，另一方面又难以越过金钱和私利的诱惑；一方面在学校接受许多正面观点教育，反感某些消极腐败现象，另一方面又感到无所适从、力不从心。这种种的矛盾导致青少年在价值判断与选择过程中，关心与冷漠相容、希望与困惑并存，进取与彷徨相伴、认同与失落交错，这为青少年个人价值观的发展提供了契机。只有进入青年中后期，随着对社会规则的内化，形成内在的、同一的、整合的社会规则系统，个人价值观才逐渐稳定下来。

（五）系统性特征

随着个体的社会化，个人价值观构成了独特的价值观层次系统。某一价值观在不同人的价值观系统中，由于个体对其重视不同，可能使他处于不同的层次。个人价值观在个人价值观系统中的层次特征以及被赋值的大小都是衡量一个人品行修养好坏、品德情操高尚与否的重要指标。

任何形式的价值最终都是取决于为满足人的生存与发展的需要所提供的服务。价值观是人对于事物的价值特性（特别是事物的价值率）的认识，价值观的最终目的在于按照主体生存与发展的需要来有效地配置价值资源，因此价值的大小在根本上决定着价值观的层次结构。

统一价值论认为，一切形式的价值（生产资料、生活资料和劳动价值）都可归结为生活资料使用价值，而根据生活资料使用价值的大小可分为温饱类、健康与安全类、自尊与人尊类、自我发展与自我实现类四个基本层次，那么一切形式的价值都可相应地分为四个基本层次。由此可见，价值观也分为温饱类、健康与安全类、自尊与人尊类、自我发展与自我实现类四个基本层次。这四个层次构成了个人价值观的系统。

（六）独特性特征

价值观是因人而异的，由于每个人的先天条件和后天环境不同，人生经历也不尽相同，每个人的价值观都具有其独特性，每个人都有自己的价值观和价值观体系。在同样的客观条件下，具有不同价值观和价值观体系的人，其动机模式不同，产生的行为也不同。如有的人以家庭为中心，认为什么事都应以家庭为主，甚至同工作发生冲突时，会选择以家庭为主，而有些人则看中事业，认为家庭应该为事业牺牲等。

三、个人价值观的分类

对价值观进行分类是进行理论思考、进行价值观理论构建的重要前提。

以往的研究者提出了许多有关价值观的分类方式。

Allport（1960）根据《人的类型》一书所作的价值观分类，将价值观分为理论的、经济的、审美的、社会的、政治的和宗教的六类，并编制了价值观研究量表。Allport和他的助手对价值观的分类是该研究领域中最早的尝试之一。①理论型：这类人重视以批判和理性的方法寻求真理，对探究世界具有浓厚的兴趣，能客观而冷静地观察事物，力图把握事物的本质，尊重事物的合理性，重视科学探索，以追求真理为人生的目的，如爱因斯坦、牛顿等思想家和科学家。②经济型：强调效果和实用。这种人注重实效，生活目的是为了追求利润和获得财富，比较现实，看重利益，如实业家、商人。③审美型：重视外形与和谐匀称的价值。这类人对现实生活不太关注，富于想象力，追求美感，以感受事物的美作为人生的价值，如艺术家等。④社会型：这类人强调对人的热爱，能关心他人，献身社会，助人为乐，以奉献社会为人生追求的最高目标，比如社会活动家等。⑤政治型：又叫权力型，这类人重视拥有权力和影响力，倾向于权力意识和权力享受，支配性强，其全部的生活价值和最高的人生目标就在于满足自己的权力欲望，得到某种权力和地位。⑥宗教型：关心对宇宙整体的理解和主观体验的融合。这类人信奉宗教，相信神的存在，把信仰视为人生的最高价值。

Firth（1963）也将价值观分为六类：经济的、道德的、审美的、工艺的、仪式的和社团的价值观。

Rescher（1969）曾经提出关于价值观的六种分类方式：①按照价值观主体分为个人价值观与团体价值观。②按照评估对象分为对事物的价值观和个性价值观。③按照价值观的利益分为物质与生理、经济、道德、社会、政治、审美、宗教、智力、情感和专业等价值观。④按照价值观的目的进行分类，例如交换金钱、友谊等。⑤按照价值观主体与价值利益的关系进行分类，例如自我导向价值观、集体导向价值观。⑥按照价值本身与其他价值的关系进行分类，例如某些外延层次较低的价值观必须依赖于其他层次较高的价值观才能获得意义，这类价值观被称为工具性价值，而那些外延层次较高的价值观，可以自为目的，称为目的价值观。

Rokeach（1973）根据价值观层次因素，把价值观分为两大类：目的性价值观和工具性价值观。为了达到工作目标所采取的手段的信念是工具性价值观；表明了一种工作利益倾向的深层的信念是目的性价值观。他指出，目的性价值观是一种期望存在的终极状态，是一个人一生希望实现的目标。工具性价值观是指偏爱的行为方式或实现终极价值观的手段。工具性价值观又可以细分为以人际与罪恶感为取向的道德价值观以及以个人与羞耻感为取向的能力价值观。目的性价值观又可细分为以自我为中心与以个人内在需要为中心的个人价值观以及以社会为中心与以人际关系为中心的社会价值观。Rokeach 在其著作《人类价值的本质》中,进一步提供了目的(或终极)价值和工具价值的各 18 个成分。具体内容如表 1-1 所示。

表 1-1 Rokeach 的目的价值和工具价值的成分

目的价值		工具价值	
舒适的生活	令人兴奋的生活	雄心大志	心胸开阔
成就感	世界和平	能干	乐观
世界美丽	平等	清洁	坚持信念
家庭安全	独立自由	原谅	助人
幸福	内心和谐	诚实	有想象力
成熟的爱	国家安全	独立	聪明
愉快	救世	有逻辑性	热爱
自尊	社会认可	顺从	谦恭
真正友谊	智慧	负责	有自制力

中国学者黄希庭长期从事中国青年价值观的研究,从 1984 年起进行了长达 16 年的持续研究,并出版了国内第一部关于价值观的心理学专著《当代中国青年价值观与教育》,深入、系统、全面地对中国青年的价值观进行了实证研究。他认为,价值观是青年个性心理的核心成分,支配着青年的行为,渗透于青年的个性之中。他把价值观分为人生价值观、政治价值观、道德价值观、职业价值观、人际关系价值观、审美价值观、婚恋价值观、宗教价值观、自我价值观和幸福价值观。

林崇德(1998)运用根据 Bales 和 Couch 在 1969 年编制的生活角色调查价值量表改编而成的价值测验量表,对 176 名青少年进行了调查研究。结果发现,青少年价值取向随年龄的增长而发展变化,表现为从注重服从权威到注重人与人之间的平等和公正;从强调个人利益到关心他人与自己的关系,再到看重自我需要的满足和自身发展。

许燕和王砾瑟(2001)比较了北京和香港两地大学生的价值观特点。根据奥尔波特的六种价值观分类,结合国情重新描绘了持六种价值观的中国人的行为特征。①持社会型价值观的人注重关系与友爱，为人处事公平正义；关心他人，乐于助人，诚实可信；喜欢民主有效的集体，能建立和谐的人际关系。②持科学型价值观的人重知识，爱科学；看重能力，勤于思考，追求真才实学；讲原则，不拘人情；重理轻利，理性化。③持实用型价值观的人看重事物的功利价值，追求实用性，讲究经济效益，追求财富积累；以是否有利于个体或集团和社会的生存与发展作为评价事物价值的标准。④持信仰型价值观的人追求理想与信仰；喜欢探索人生的意义与宇宙的奥秘；注重精神生活与道德修养；凡事随缘，顺其自然；相信宗教与自然的力量。⑤持审美型价值观的人追求艺术美感，做事尽善尽美；讲究生活、学习、工作丰富多彩、和谐完美；以美感、对称、和谐的观点评价与体验事物。⑥持政治型价值观的人关心国家与民族发展，以振兴中华为己任；自尊自强，责任感强；重视自己领导管理能力的培养，希望显示自己的能力与影响；关心伟人生平；勇敢顽强，喜欢奋斗与竞争。

金盛华等（2005）运用自编的大学生价值观调查量表对大学生进行了问卷调查，把价值观分为四类。结果表明，大学生个人性目标可根据重要性依次排序为工作成就、自身修为、荣誉地位、金钱物质；社会性目标依次排序为合格公民、友谊爱情、婚姻家庭；超然性目标依次排序为回归自然、贡献国家、人类福祉；手段价值依次排序为知识努力、人格品质、智慧机遇；规则价值依次排序为道德良心、法律规范、舆论从众。

肖水源、杨德森（2002）把价值观分为社会价值观（文化价值观，cultural values）与个人价值观（individual values）。社会价值观是一个社会的成员所共同具有的价值观。个人价值观则是社会中的某一个体成员所持有的特殊价值观。笔者支持肖水源、杨德森的观点，把价值观分为社会价值观与个人价值观，进一步把个人价值观分为五个类型：①自我价值观；②人格价值观；③精神价值观；④婚姻家庭价值观；⑤职业价值观。

四、个人价值观的功能

个人价值观的功能是指价值观对于指导个人的价值活动，调节和控制人们的情绪、兴趣、意志、态度的功能。价值观对个人行为起着强烈的动机作用和引导作用。有什么样的价值观，就会产生什么样的行为。同时，价值观也可以反映出一个人的认知水平和需求状况，进而影响群体行为和整个组织行为。

（一）动力作用

即作为个体追求价值行为的动力。价值观可以强化人的行为动机，人们行为的动机受到价值观的支配和制约，只有那些经过价值判断认为是可取的需要，才能转化为行为的动机，其价值越大，动机则越强烈。比如，有些人注重金钱物质，如果在工作过程中给予足够的物质激励，则他的工作动机就可能更强。

（二）标准作用

这是价值观全部作用的实质和核心。价值观是人们对客观世界及行为结果的评价和看法，因而它集中反映着人们的人生观和世界观，反映了人们对世界的主观认知，同时作为评价标准来判断人们行为的对错，影响着人们的态度。

（三）调节作用

即调节自己的行为指向一定的价值目标。当人的行为和意愿相冲突时，价值观就会起到调节作用。例如，老板要求员工加班，员工可能不愿意进行这种额外劳动，但是如果老板采取加薪的措施来激励的话，由于金钱在员工的价值观里可能占有一席之地，员工就可能心甘情愿地来进行额外的劳动。

（四）定向作用

即发展导向，并带有鲜明的情感色彩。价值观对员工的行为定向和个人发展具有指导作用。例如，宗教型价值观为主导的个体的行为就比较偏重于宇宙的、哲学的和社会的问题的探索，而对金钱是最不看中的，人生的终极目标也是为了拯救人类的心灵，而对于纸醉金迷的生活嗤之以鼻。

五、个人价值观的研究对象

人类不是出生后就自然形成个人价值观的，或者说，个人价值观的确立需要一个过程，受到各种因素的影响。直到青年时期，个人价值观才逐渐形成。价值观确立后也不是一成不变的，而是在一定条件下相对稳定。例如，过去看上去有意义的油画现在却兴趣索然；过去觉得个人的工作方式很舒适，现在却感到难以忍受；过去觉得真实的信仰，现在发觉是半真半假，或全然是假的。这些现象都说明个人价值观不是永恒不变的。

青年个人价值观研究主要以青年个人价值观的内容结构、功能为研究对象，深入探讨不同个人价值观的发展过程、影响因素。在个人价值观形成过程中，文化、社会、社会制度、个人人格特质等先决条件可能制约个人价值观的形成。青年个人价值观研究主要完成下列任务：一是从发展的角度来描述不同类型的个人价值观的表现形式与特点；二是预言个人价值观发展和变化的过程及可能的功能；三是分析并探讨个人价值观与青年身体、心理和社会性发展间的关系；四是分析青年个人价值观层次系统。由于每个人所拥有的价值观的数量是有限的，即使每个人拥有相同的价值观，对同一价值观的偏好程度也不同，个人价值观可以构成一个价值观层次系统。青年个人价值观对青年发展以及社会进步所造成的影响或后果，也是社会科学家值得探讨和了解的问题。

青年个人价值观研究具有重要的意义。青年价值观研究在一些方面不同于以成年人为主要对象的价值观研究。在本书中，之所以突出青年期，原因在于从出生到成熟这一阶段的个体在身体、认知、情绪和个性等方面所发生的变化，要比人生的任何一个阶段都要快得多。这一发展阶段的特殊性给个人价值观研究提出了一些独特的、需要特别注意的问题。

第二节　个人价值观的研究方法

一、青年价值观的研究方法论

（一）实证主义的研究方法论

实证主义的本质特点在于对事实采取客观主义态度和“价值中立”的要求，把社会现象类比为自然现象，主张使用观察、实验、测量、演绎、假说等自然科学的或经验科学的研究方式，通过随机抽样调查法、问卷法、观察法、访谈法等去收集资料，运用统计图表类定量技术或利用统计软件和计算机去处理、分析资料，以及利用公式、数量模型去表达经得起检验的假设。总之，实证主义研究方法注重事实判断（推崇客观资料）和定量分析（其标志是量化的资料与数据），在此基础上演绎性、推论性地得出结论，其核心是“经验归纳—理论演绎”。

（二）人文主义的研究方法论

人文主义研究方法论强调主观价值反省和意识批判，主张对社会行动进行诠释性的理解，并从而对社会行动的过程及结果予以因果性的解释，认为实证主义者具有把社会现象自然化，忽视社会、文化、个性，从而导致社会学概念不合理的具体化、研究程序的低效率的弊端。人文主义研究方法论的根本特征是所谓的还原过程。由于人类的行为是多元化的，研究者立足于自己实际情况才能理性地决定自己的行为，需要先对观察到的现象即“所与”

进行还原；再对现象本身即“所是”进行还原，从中排除一切非本质的东西，分析它的本质。也就是说，从日常的、平凡的事物出发，研究人类对社会现象做出的解释以及赋予它们意义。

当前最受欢迎的研究是介于实证主义与人文主义这两个极端之间的研究。因此，在青年价值观研究过程中，也应该将两大研究方法论及其具体的研究方法如定性研究与定量研究、宏观分析与微观分析有机地结合起来加以综合运用或整合，并且在不同的研究阶段形成互补、呼应、主辅、同步、系列等关系，这才是明智之举。

二、价值观的研究方法

（一）定性研究与定量研究

定性研究（质的研究）是对某一现象进行“性质”的理论思辨。“性质”是一事物区别于其他事物的内部规定性。定性研究的主要功能是“解释”（做出“应该如何”的理论分析和阐述），主要方法有历史研究、观察研究、逻辑分析、内容分析、实地考察、个案研究等。定量研究就是在理论思辨的基础上，对研究对象的内外部关系进行“量”的分析和考察，寻找有决策意义的结论。定量研究的主要功能是“实证”（进行“是什么”和“为什么”的描述、推断和预测），主要方法包括测量法、实验法、社会调查法等。

Galliers（1991）曾经对定性研究和定量研究进行了如表 1-2 所示的比较。

表 1-2　定性研究和定量研究的比较

定性研究	定量研究
解释性的、非实证性的	科学的实证研究
主观的、思辨的研究	实验室实验
评论	临床或现场实验
行动研究	调查
案例分析	案例研究
叙事研究	定理证明
未来研究	预测
角色或游戏研究	模拟

（二）定性研究方法

定性研究是一种探索性研究，它是研究者利用感觉器官，或借助于其他仪器设备，有目的、有计划地对被研究事件的外部现象进行考察，获得人们想法、感受等方面的较深层反映的信息，主要用于了解目标人群有关态度、信念、动机、行为等问题的研究方法。定性研究是一个发现问题的过程，主要回答事件“为什么”会发生的问题。研究者利用定性研究来定义问题或寻找处理问题的途径。在寻找处理问题的途径时，定性研究常常用于制定研究假设或是确定研究中应包括的变量，对被研究对象变化的潜在的理由和动机求得一个定性的理解。在自然情境下，使用实地体验、非结构性访谈、参与型或非参与型观察、文献分析、个案调查等方法，对社会现象进行细致和长期的研究。

1. 定性研究的一般程序和发展趋势

定性研究往往通过以下程序最终达到研究目的：①界定概念，即了解人们所处的状态，与他人之间的关系以及所具有的想法；②分类整理，即按照共同特征、观点和经验对人或事件进行分类；③寻找联系，即寻找与上述事件或人有关联的想法和经验；④解释事件，即解释在特定的环境下事件为什么会发生；⑤研究结论，即说明资料的作用和意义。

定性研究的发展趋势主要表现在以下方面：①先对资料进行叙述、描述，随着研究的进展逐渐形成假设。这成为提出研究假设的一般思路。②研究资料来源于自然情境，研究素材日益扩大。除了传统的参与观察、深度访谈、专题小组访谈、会话、交谈、电视、广播、文档、日记、叙事、自传等社会过程中自然产生的素材，甚至社会学理论本身（理论的形式化），也开始进入定性分析的视野当中。③分析方法更加多样。近期出现了事件结构分析、定性对比分析、形式叙事分析等新方法。④定性分析与定量研究之间相互接纳，两者之间由激烈的对立关系，逐渐演变为相互融合的发展趋势。⑤定性研究过程更为方便、客观、规范。定性分析开始遵循严格的程序模板或程序规则，并尝试引入定量分析中的信度、效度、代表性等概念，通过编码和对比，再加上传统的定性分析标准，使得定性研究的过程更加规范，阐释的结果更加客观，研究的结论更加可信。20 世纪 80 年代以来，定性分析过程日益数字化和计算机化，大多数定性研究者都在自己的研究中，开始采用计算机来辅助定性资料的分析。

2. 观察法

观察法（observation）是指研究者通过对所研究的事件和研究对象的行

为实施直接察看、收集和记录研究对象在日常生活中的信息的一种研究方法。在日常生活中，人们的有些行为常常包含一些难以觉察的习惯性动作，在这种情况下，观察法能比其他研究方法获得更多的可靠信息。因为研究者在观察具体行为的同时也记录了一定的伴随行为发生的环境信息，并且研究者能直接与研究对象接触，这些都有助于验证、校正和表述研究假设。

观察法实施程序一般包括七个环节：①明确问题，选择观察对象；②制订观察计划（目的、重点、范围、次数、时间、地点、运用的仪器、制定的表格、填写）；③做好实际的观察准备（项目指标的界定，观察内容具体化、指标化，选择观察的途径及方法、观察取样，设计观察表格以及记录的方法，其他方面的准备工作）；④进入现场实施观察，并做好记录（尽可能不影响观察对象的正常活动）；⑤整理分析资料（最好对资料进行量化）；⑥得出结论；⑦撰写研究报告。

观察法有别于日常生活中的一般观察。观察法往往是具有特定的研究目的、假设和观察标准，事先有严密、系统的研究设计和记录的。由于观察法所用的时间较长，对研究人员有严格的条件要求。为了使观察客观、准确，观察者宜注意下列几点：①每次观察不宜太广泛，最好只观察少数或一种行为；②所观察的行为须事先明确规定；③观察时应随时记录，可利用录音、录像帮助记录；④每次宜用较短的时间，对同一类行为，可做多次重复观察，即采用“时间取样方式”进行。

结构观察和非结构观察：根据观察前有无正式的研究提纲，一般分为结构观察和非结构观察两个类型。结构观察是事先设计好观察的内容和项目，制定有关的观察表格，严格按计划进行实际观察、做好记录的一种有明确目标体系，系统进行研究的方法。运用结构观察收集的资料翔实可靠，但缺乏弹性，不够灵活，也很费时。非结构观察是观察者预先对观察的内容与计划没有严格的规定，依据观察现场的实际情况所进行的观察。它的特点是观察时弹性大，随意性强，可根据实际情况随时调整观察的计划和内容。因而，这种观察方法的适应性强，而且简单易行。但是对于用这种方法收集的资料整理时难度大，多用于探索性研究。

参与观察和非参与观察：根据观察者参与观察过程的程度分为参与观察和非参与观察。参与观察是观察者参与观察对象的活动，在与观察对象一起活动中达到观察目的的研究方法。它可以缩短观察者与对象之间的心理距离，可以深入内部，获取有价值的材料，但观察者容易成为左右活动的人物，破坏真实的情境，容易以自己的看法替代他人的感受。参与观察根据参与的程度又可分为完全参与观察和不完全参与观察两种。完全参与观察是指观察者隐瞒自己的真实身份和研究目的，自然加入到被观察者群体中进行的观察。完全参与观察能深入地了解被观察者的真实资料，但如果参与过深，又往往容易失去客观立场。不完全参与观察是指观察者不隐瞒自己的真实身份和研究目的，等被观察者接纳后进行的观察。不完全参与观察避免了被研究者的紧张心理和疑虑，可以进行自然的观察。但这种方法的缺点是被观察者容易出现不合作行为，或是隐瞒和掩饰对自己不利的表现，或是故意夸大某种表现，使观察结果失真。非参与观察是观察者不直接参与被观察者的活动，以旁观者的身份对观察对象进行的观察。非参与观察的优点是能够不受被观察者的影响，进行比较客观的观察。但是这种观察方法不容易深入了解被观察者的内部情况。总体来说，参与观察要比非参与观察效果好。因为观察者参与其中，既有自我体验，又能与被观察者建立融洽的关系，对所观察的活动有较深入的了解，并能够及时发现一些新的研究课题信息。

观察的具体方法很多，在社会科学研究中适用的方法主要有实况详录法、事件取样法、时间取样法、特性等级评定法、日记描述法、轶事记录法、频率计数图示法及清单法。

观察法既有优点也有局限性。首先，观察法是在自然环境中研究人的行为，研究者力图不干扰被试的行为、不改变情境的自然状态，具有较高的生态效度。在研究工作的开始阶段，进行简单的自然观察常常是很有用的。其次，开始进行研究时，研究者也许并不知道与行为有关的变量是什么，由于没有假设要检验，所以研究者观察的角度不受限制，有助于确认基本的行为类型以及可能与行为有关的变量。因此，观察法研究常被看成是产生研究假设的研究。再次，观察法避免了实验室实验中实验变量的操纵可能遇到的伦理问题。此外，现代化电子技术为观察法的使用提供了新的手段，如录像带可以重播、慢放，可以对被观察者的行为事件进行仔细、准确的编码分析等，而且新的统计方法使研究者能够对观察所获得的数据做出因果推论。这使得观察法的应用更为广泛。但是观察法也有很大的局限性。首先，资料收集存在观察者偏向。研究者进行观察之前对所要观察的行为类型了解很少或根本不了解，很难建立一个标准的测量方法，因此在对行为进行分类时，研究者很容易受预期和已有观察的影响，很难认识到预期之外的新行为。其次，进行自然观察所需的时间很长。此外，自然观察研究不能操纵自变量，不能控制额外变量，因此不能进行因果推论。

3. 访谈法

访谈法（interview）指访问者通过口头交谈等方式向被访问者了解社会实际情况的方法。

访谈法有几种不同的类型。按照操作方式和内容可以分为结构式访谈和非结构式访谈；按照访谈对象的人数可以分为个别访谈和集体访谈。

结构式访谈和非结构式访谈：结构式访谈又称为标准化访谈、问卷访谈，是按照统一设计的、有一定结构的问卷所进行的访谈。这种访谈的特点是整个访谈是严格控制和标准化的。访谈对象按照统一的标准与方法选取，访谈中所提的问题及其顺序、提问的方式、对疑问的解释以及调查结果的答案记录都严格遵守问卷的要求或访谈任务书的要求，甚至连访谈的时间、地点、周围环境等外部条件，也要求同访谈任务书保持基本一致。由于结构式访谈的任务书类似问卷，因此便于对访谈结果进行统计，可用做定量分析，便于对不同被访谈者的回答进行对比研究。而且由于在访谈法中，访谈者必须当场与调查对象直接交流，这样就能够控制调查环境和调查过程，避免他人代替或几人商量填写问卷等弊端，还可以随时督促和核对访谈对象的回答，也可以对某些特定问题进行深入调查，从而最大限度地提高问卷的有效回收率，降低来自访谈对象的误差，提高调查结果的信度和效度。此外，它还能通过直接观察，获得一些对访谈对象的经济收入、身份、能力等方面的感性认识，分辨其回答的真实程度，对所获资料进行评估。但是，这种访谈方法也存在一些局限性：第一，访谈内容缺乏弹性和灵活性。事先设定的问卷有时难以恰当地反映复杂多变的社会现象。第二，访谈形式比较呆板。访谈双方的活动被严格限制在一定范围之内，难以临场发挥，被调查者的回答也比较被动，不利于充分发挥访谈双方的主观能动性。第三，不利于研究的深入。结构式访谈法的标准化使之利于定量分析，但是由于所获信息的局限性，不太适于定性分析。第四，访谈的质量较难控制。结构式访谈多用于大规模社会调查，需要访谈者数量较多，访谈者之间在对问题的理解和处理方式上往往难以保持一致，因此对访谈者的挑选和培训要求极高，如果稍有闪失，就会严重影响访谈的质量。非结构式访谈又称为非标准化访谈、深度访谈、自由访谈。它是一种无控制或半控制的访谈，事先没有统一问卷，而只有一个题目或大致范围或一个粗线条的问题大纲，由访谈者与访谈对象在这一范围内自由交谈，具体问题可在访谈过程中边谈边形成边提出。对于提问的方式和顺序、回答的记录、访谈时的外部环境等，也没有统一要求，可根据访谈过程中的实际情况作适当安排。同结构式访谈相比，非结构式访谈的最主要特点是弹性和自由度大，能充分发挥访谈者和访谈对象的主动性、积极性、灵活性和创造性，有利于适应千变万化的客观情况，有利于调查原设计方案中没有考虑到的新情况、新问题，有利于对社会问题进行较深入的探讨。在非结构式访谈中，双方可以围绕所定题目，就有关问题进行无拘无束的、深入广泛的交谈和讨论，访谈者会得到许多不曾预料到的、给自己很大启发的资料，能获得与调查研究问题有关的丰富的社会背景材料及调查对象生活与行动的生动感受，从而对所研究的问题可以有更深入、更全面的了解。但是，非结构式访谈易受访谈者自身因素的影响，因此对访谈者的要求较高。由于这种访谈的自由度很大，访谈者常常会自觉或不自觉地将主观意见带入访谈过程中，访谈者的态度、素质、经验也会影响访谈结果。另外，这种访谈较难控制访谈结果，而且比较费时，访谈调查的结果也不宜用于定量分析。因此，它多用于个案调查、典型调查，常和观察法一起在实地研究中使用。

个别访谈和集体访谈：个别访谈是指对访谈对象逐一进行单独访谈，是访谈法最基本和最常用的类型。它既可以采取结构式，也可以采取非结构式；既可以是访谈者与被访谈者面对面口头的直接调查，也可以是通过电话或网络进行的间接调查。个别访谈的实施一般包括访谈准备、接触访谈对象、正式访谈、结束访谈四个环节。其中最重要的、也最难把握的是在访谈过程中如何做到有效控制的问题。访谈的过程就是访谈者提问与被访者回答的过程。对这个过程能否做到有效控制是访谈成功与否的关键，而一定的提问方法与一定的行为方式是控制访谈的两个重要因素。集体访谈也叫会议调查法，就是调查者邀请若干被调查者，通过集体座谈方式或集体回答问题方式收集资料的调查方法。它实际上是个别访谈的一种扩展形式，同个别访谈一样，都属于双向传导的互动式调查。它既可以是结构式访谈，即按统一提纲回答问题，也可以是非结构式访谈，即自由访谈；既可以是访谈者与被访者面对面口头的直接调查，也可以是书面咨询或电话会议、网络会议的间接调查。由于电话会议和网络会议存在一些技术与条件方面的特殊要求，因此尚不流行，目前最常用的还是面对面口头的集体访谈，在某种特殊情况下也会采用书面咨询式的集体访谈。集体访谈的实施程序一般分为三个阶段，即前期准备阶段、具体实施阶段和后期总结阶段。集体访谈所面对的不是单个的被访者，而是同时面对多个被访者。它不仅是访谈者与多个被访者之间互相作用的过程，而且是若干个被调查者之间互相影响、互相作用的过程。因此，访谈者在集体访谈中不但要注意被访者对访谈者言谈举止的反应，还要注意被访者之间的相互影响和反应。集体访谈对访谈过程的控制要求比个别访谈更高，这是访谈成功与否的关键。

4. 个案研究

个案研究是对一个处于自然环境中的个体对象的研究。个案研究为研究者提供有关个体的丰富信息，在此基础上揭示研究对象形成和变化的特点、规律以及影响因素，并且进一步提出相应的对策。一般研究的功能有四个层次：了解、解释、预测及控制。个案研究的功能偏重于了解客观事实，进行主观的解释。因此，个案研究大多属于探索性研究，较适合当前较新的、未曾有许多人研究过或无成熟理论的问题，而且是自然现实环境所衍生的问题。

个案研究法实施程序一般有如下阶段：①确定个案研究对象与研究目的；②收集有效、完整的个案相关资料；③整理分析资料（核实资料、筛选资料、提炼升华资料）；④总结与讨论（揭示个案形成的变化特点和规律，分析影响个案发展的因素并且提出相应的对策）。

个案研究常见的资料来源有以下五类（Yin，1989）：①文件，包括历史资料、计划书、公布和公开资料与内部资料等。②档案资料。③访谈，即相关人员的正式或非正式的谈话。④直接观察，即到个案的事件现场进行实地检视。⑤实物，即真实设备或布置。

个案研究往往具有以下特点：①研究对象很少。研究者可以研究一个个体，也可以研究几个个体并对他们进行比较。但是，个案研究所采用的个案数量常常是很少的，因为个案法最重要的是详细、全面地了解某个个体的特征。个案研究较易于揭示整个事件过程发生的本质与复杂性。②个案研究是描述研究。研究的目的是描述处在自然环境、自然状态中的个体，主要收集自然的资料。研究者可在自然而非操纵的环境下了解现状，并可从实地观察中衍生理论。③同时采用多种研究方法。收集资料的方法是多种多样的，可以是自然方法（例如自然观察法），也可以是别的方法（例如访谈法、出声思维法、完成任务法等）。④面对迅速变化的研究领域，个案研究法较能洞察先机（Benbasat et al，1987）。个案研究的最大缺点是不能将一个个案研究的结果推广到其他个案，也就很难从个别被试的行为中分辨出哪些特点是个体特有的，哪些是群体共有的。研究者往往通过大量的个案研究，将不同的个案研究结果进行比较，以便找到共同的规律来解决问题。

5. 历史研究法

历史研究法是指系统地收集与客观地评鉴与过去发生的事件有关的资

料，叙述事件的原因、结果或产生的影响，提出准确的描述与解释的研究方法。目的在于探讨人类过去活动的真相，以科学的方法探究往事，借助对往事的研究，以期对当前的研究问题能获得较佳的理解，即理解问题的来龙去脉，了解过去措施的错误及其负面影响，解释现况，用以前瞻所研究问题未来发展的方向。

历史研究法的研究步骤有三个阶段：史料的收集、史料的鉴别、史料的分析研究。

首先，进行史料的收集。

史料分为直接史料和间接史料。直接史料是当事人直接的观察与直接的回忆、同时代人的记载、与事实有直接关系的史料。间接史料是非直接参与或观察事件的人所做的报道等。研究者不但要学会如何去查找、发掘史料，考证、辨别史料，还要了解校勘、辑佚、训诂等方法。收集史料的内容涉及遗址、遗迹、档案、信函、手稿等。

其次，进行史料的鉴别。

史料的鉴别工作包括两方面：一是史料真伪的鉴别，二是史料价值的鉴别。

（1）史料真伪的鉴别。其目的是要弄清楚将要运用的史料是不是当时的，是不是后人伪造或捏造的。鉴别史料的真伪，通常可采用的方法有：①从材料的文体、用词、形式等方面寻找矛盾。各个时代的文体、用词、形式等都有其自己的特点，如果史料的文体、用词、形式等方面与当时所可能有的文体、用词、形式等相矛盾，就可以判断该史料为伪。②从史料的内容与当时的社会状况之间寻找矛盾。如果史料所表达的内容与当时的社会状况不相符，可判断为伪。③从史料的思想与当时的思想发展水平之间寻找矛盾。如果史料所包含的思想与时代不相符，可判断为伪。④从史料本身寻找矛盾或自相矛盾之处。例如，如果发现史料的内容按当时当地的情况是绝对不合情理的，或发现史料上的错误按作者的经验和水平是绝对不可能产生的，或年代、地点上有不应有的错误或颠倒，可判断为伪。⑤从与其他史料的比较中寻找矛盾。如果两份史料记载同一事而互相矛盾，则必有一伪或两者皆伪；如果某一史料已证实为真的，则另一史料可判断为伪。

（2）史料价值的鉴别。史料鉴定为真实，只说明该史料不是后人伪造或捏造的。而要运用该史料，还必须进行史料价值的鉴别，即考查史料所记载的是否与史实相符。史料价值的鉴别最常用的方法有：①看史料中的记载有没有与客观规律或肯定的科学知识相矛盾的地方。如果有，则可断定该史料不是事实。②看史料中的记载有没有与确知的史实相矛盾的地方。如果有，则该史料的价值值得怀疑。③看史料中的记载有没有与情理相矛盾的地方。如果有，则该史料的价值值得怀疑。④看史料出自何人之手，他的阶级观点、立场、品格、经历、才能如何。依此也可判断史料的价值。⑤看史料是如何产生的，是现场的记录，还是事后的回忆；是耳闻目睹者亲自记述的，还是根据捕风捉影的谣传写成的。现场的记录比事后的回忆史料价值要大；耳闻目睹亲自记述的，史料价值可靠，而根据捕风捉影的谣传写成的，无史料价值可言。

再次，进行史料的分析研究。

研究者在收集、整理、考证史料的阶段，通过分析、概括史料，对自己掌握的文献资料进行理性的思维加工，形成对事实本身的科学认识的过程就是综合分析文献的过程。对史料的理性加工主要是分析、综合、比较、抽象、概括等。当研究者反复研究原始资料，综合加工信息时，也是逐步形成研究假设，或对原来假设重新审视的过程。历史研究中的假设并不一定有预先假设，在研究过程中，随时可能形成假设，也随时可能修正假设。不断修正假设的过程，也就是向研究结论逼近的过程。结论的产生在很大程度上依赖于对资料信息的逻辑分析。当然对信息作出客观的、合理的解释是必不可少的，这种解释通常采用举例说明的方式进行。

对史料分析研究时需注意：①要运用历史唯物主义的原理，把历史事件和人物的思想放在当时具体的历史背景和条件下加以分析研究，去寻找产生、发展或消亡的根源和实质。②要善于从浩如烟海的史料中找出主要的基本的东西，善于抓住典型，把握主体，不要被偶然性的史料遮蔽自己的眼睛。但是，绝对不可按照主观的愿望去挑选材料，结论只能从全面的材料中概括出来。③不要按照主观的意图先提出结论，把结论强加于具体的史实；不要做主观的臆想或推论，更不要牵强附会。每一个论点都要有充分的依据。④不要依据孤证作出结论，武断地推断历史；不能采用涂改捏造或隐蔽历史事实的手法。⑤不要拿今天的意识形态强加于古人；也不要以为凡是我们现代人能够认识的事实，古人都能认识，因而按照自己的认识水平去衡量古人。⑥要正确理解史料的内容。有时标点上的错误，语言的意义就不同；有时一字之差，甚至会产生相反的理解。应当注意名词术语在当时当地的含义；运用外国史料时，对用词的本来含义更应注意。

（三）定量研究方法

定量研究主要通过将研究问题数量化，用客观的简洁的方式表现和解释事物之间存在实质的因果关系的研究方法。一般过程是研究开始时就已经形成了精确的假设，先将研究问题数量化，研究一定数量的、具有代表性的被试，通过有控制的观测来收集资料，将资料量化成数字，采用统计方法进行统计分析，验证假设，由假设的接受或拒绝来获得结论。

定量研究的内容应该首先定义要研究的概念，即界定问题，概念化的陈述研究的问题。所研究的问题必须是有意义的、可操作的、有资料的。

1. 调查法

调查法是指从某一总体中按照一定的规则抽取一定的样本，收集这些研究对象的相关资料，进而通过对样本的分析研究来推论总体情况的研究方法。

调查研究法一般具有下列四种特性：①调查研究具有决定论的意义。研究者探讨社会现象存在的理由以及材料的来源、特性和材料相互之间的关系，拟订一个可验证的研究假设，用统计方法来验证研究假设的真伪。②调查研究法追求事实的普遍性。研究目的不仅在于描述所调查的样本，从所显示的情况来推论研究对象总体的情况。③调查研究法属于计量分析。④调查研究法能够化繁为简。从研究对象总体中选择部分样本，并以选定的样本为被调查对象，采取访问或邮寄问卷的方法获得资料，从中分析变量之间的关系，以便由少数被调查者了解更多的现象。

调查法的步骤是：①准备，即选定调查对象，确定调查范围，了解调查对象的基本情况，研究有关理论和资料，拟订调查计划、表格、问卷和谈话提纲等，规划调查的程序和方法及各种必要的安排；②按计划进行调查，通过各种手段收集材料，必要时可根据实际情况对计划作相应的调整，以保证调查工作的正常开展；③整理材料，研究情况，包括分类、统计、分析、综合，写出调查报告。

调查法的优点是能够收集到大量的资料，使用方便，并且效率高。调查法的缺点是研究结果难以排除某些主、客观因素的干扰，为了进行科学的调查，得出恰当的解释，必须有经过预先检验过的问卷、有受过培训的调查者，有能够反映总体的样本，还要采用正确的资料分析方法。

2. 测验法

测验法是指采用一套标准化的测验题目，按规定的程序，对个体的某一方面进行测量，然后将测量结果与常模作比较，对其特征作出评估的研究方法。运用测验法需要用标准化的测验工具，这些用文字或图形等表达内容的测验工具称为量表。基于量表对研究变量进行评估，作出准确的分类，以便比较研究对象的各种差异，这些差异有些是以等级区分的，有些是以数量区分的。由于研究对象的这些差异是由一定原因造成的，通过对差异的比较和分析就能找出现象之间的因果联系。

测验法一般包括五个步骤：①决定测验目标；②制订一个测验计划；③编制测验栏目；④检查判断质量（测试）；⑤正式测试。

测验法的特征表现在以下几个方面：①研究变量是通过对概念的界定和具体化而转化来的。②在一具体研究中，每个变量都有特定的测量指标。③测量时得到的一定数值可作为某一现象或事件特征的代表符号。④测验法所用的工具都是被大多数人认可并经过标准化程序修订或编制的量表，具有被认可的信度、效度。信度、效度和标准化是测验法的三个基本要求。信度指测验的可靠程度。具体来说，信度指测量数据（资料）的稳定性程度，即观测工具能否稳定地测量到它要测量的事项的程度。也就是说，信度是对测量的稳定性与一致性而言的。信度可以看做系统性变异在观测到的总变异中所占的比率，系统性变异越大，则信度系数越大，表明测量的信度越高；信度也可以看成是在观测到的总变异中，不是因随机误差所造成的变异所占的比率。效度指测验的有效性。效度就是正确性程度，即测量工具确实能测出其所要测量的特质的程度。效度越高，即表示测量结果越能显示其所要测量的对象的真正特征。测量的效度可以决定所建立的理论解释的正确程度。对效度的检验可以保证不同的研究人员对某一研究变量的意义与内涵有一致的理解。信度与效度的关系为：①信度低，效度不可能高。如果收集的资料不可信、不可靠，那么它肯定不能有效地说明所研究的对象。②信度高，效度未必高（效度有可能很低）。③效度低，信度有可能很高。④效度高，信度必然也高。如果有效地说明了各种现象，那么它的资料和结论就必然是而且必须是可信的。⑤测量的信度是效度的必要条件，但不是充分条件，无信度必然无效度，但有信度却未必有效度；反之，效度是信度的充分条件，但不是必要条件，有效度必然会有信度，但无效度却未必无信度。测验法的标准化指测验使用的量表的编制、实测、评分以及分数解释都有统一的标准，从而降低无关因素对测验的干扰。

对测验分数的解释应注意以下几个方面：①任何测验分数都是由个体的遗传特征、以往的生活经验和所受教育及测验时的状况共同决定的。因此，测验的结果只说明此人的现状。要很好地对测验分数进行解释，就必须充分了解有关信息，综合考虑加以分析。②对测验分数的解释必须结合测验的信度、效度。因为信度、效度资料可以说明测验分数的准确程度和可靠程度，这有助于研究者对测验分数所代表的分数范围进行估计，避免将测验分数绝对化。③解释测验分数时，要使用被测验者可理解的语言，要让被测验者了解测验的目的和特性，并让被测验者一起参与解释。④注意测验的伦理价值，要给被测验者带来积极的而非消极的心理影响。防止测验的结果影响被测验者的自我认识与自我评价，从而对他今后的行为产生影响。

价值观的测量方法与价值观的概念界定和结构划分具有密切的关系，是建立在诸多研究者不同的研究基础之上的。关于价值观的测量，研究者尝试使用单测题和多测题、情境化测验、投射化测验、序列式或非序列式等多种量表编制技术（见表1-3），试图使价值观的测量具有良好的信度与效度。

表1-3　常见的价值观量表目录

量表名称	编制者	年份
工作价值观量表	WVI	1970
价值观研究（The Study of Values）	Allport et al.	1960
价值观调查（The Value Survey）	Rokeach	1967
目标和方式价值观调查量表（The Goal and Mode Values Inventory）	Braithwaite and Law	1985
生活方式量表（Ways to Live）	Morris	1956
生活方式量表简版（Revised Ways to Live）	Dempsey and Dukes	1966
价值观测描（Value Profile）	Bales and Couch	1969
生活角色调查－价值量表（Life Role Inventory-Value Scales）	Fitzsimmons，Macnab and Casserly	1985
价值观念量表（Conception of Desirable）	Lorr，Suziedelis and Tonesk	1973
实证价值建构量表（Empirically Derived Value Constructions）	Gorlow and Noll	1967
东－西价值观问卷（The East-West Questionaire）	Gilgen and Cho	1979
价值取向量表（Value Orientations）	Kluckhohn and Strodtbeck	1961
个人价值量表（Personal Value Scales）	Scott	1965

3. 实验法

实验法是在控制条件下系统地操纵某种变量的变化，研究这种变量的变化对其他变量所产生的影响的研究方法。在实验中实验者所操纵的对被试反应产生影响的变量称为自变量（independent variable），由操纵自变量而引起的被试的某种特定反应称为因变量（dependent variable）。实验需要在控制的条件下进行，其目的在于排除自变量以外的一切可能影响实验结果的无关变量。

实验法的特点在于：①在实验法中，实验者可以根据主观愿望使事件产生，从而充分地进行精密的观察。②实验在同样条件下是可以重复的，别人可以验证它。③系统地变化条件，可以追究与此相随的事件的变化。④实验以假设为先导并围绕假设展开，建立理论系统。⑤实验的根本目的是判明因果关系。可见，实验法不仅能够有助于研究者揭示“是什么”的问题，而且能进一步探究问题的根源“为什么”。

实验法研究的过程一般包括下列步骤：①课题的确定。此阶段明确课题的来源和确定实验类型。首先规定某个行为的条件并分析这些条件与行为之间的函数关系。再探求是因素型实验还是函数型实验。前者探明自变量是否是因变量的直接原因，后者探明自变量与因变量之间的函数关系。②提出假设。假设是关于条件和行为之间的关系的陈述。假设的一种陈述方式是“如果 a，那么 b”。假设的另一种陈述方式是用函数关系来表示。它用方程式 $b=f\ (a)$ 来表明自变量 a 与因变量 b 之间的函数关系。③选择被试。一般而言，一是依问题的性质选择被试；二是依研究结果的概括程度来选择被试。选定什么样的被试者样本，要依研究的问题和据此而推论的全体而定。如果被试者的选择出现偏差，就会影响实验效度。常用的选择被试的方法有随机抽样法和分层随机取样法。④实验因素的控制。在实验进行之前，要通过实验设计对影响实验效果的各种无关因素进行控制。⑤实验资料的收集与分析。⑥撰写实验报告。

实验法往往分为三类：①前实验是一种不够规范的实验，实验前没有清晰的假设，尤其是没有转化为可验证的命题，对实验环境的控制不够严格，干扰实验结果的因素很多，因此这种实验结论具有或然性。②准实验是一种接近实验法而又不十分合格的实验，从该方法与要达到的目的上看，它接近实验法，即揭示事物之间的因果关系，但从控制要求上看，又不足以称为实验法，因为控制过程无法做到十分严格。教育实验大都只能是准实验。③真实验是一种对所有可能影响实验效果的因素都作了控制实验。

对无关变量的控制是保证实验法研究达到实验目的的重要手段。往往通过以下手段进行：排除法、恒定法、匹配法、抵消平衡法、随机化法、统计控制法等。

实验法的优点在于：①可以人为操纵自变量，使实验情境简化从而确定变量间的因果关系，在实验研究中，研究者至少操纵一个自变量，控制其他有关变量，从而观察一个或多个变量的变化。②运用随机取样与随机分派的原则以提高实验效度。③实验的便利性与低成本。实验研究法对已经找到影响研究主题相关变量的研究者来说，是相当便利的，他只需要控制好变量及其外在影响因素，就可以开始实验并分析结果。而在成本方面也不像调查法那样需要大批的人力及物力的支援，仅需少量实验对象。④可重复验证（高信度）。当研究者使用实验法研究出一个结果时，他便可以将这个实验设计套用到较大的团体去验证，并且可以将结果与小团体的相互验证，得到重复实验的结果，并验证假设的可信度。实验法的局限在于：①实验结果难以一般化。实验情境过度单纯、样本少，降低外部效度。实验研究的样本往往受环境的限制而无法采取大规模的样本，其推论性就受到很大的影响。②以人为对象的实验研究，实验者基于安全或人道的理由，不能像对付物那样随心所欲地系统操纵自变量，从而不易收到预期的实验效果。

4. 关于定量研究的数据分析

对于定量研究收集的数据，一般借助于统计软件和计算机来进行数据管理与统计分析。

研究者首先通过统计方法探索内在的数量规律性，然后借助本学科的理论观点来完成对这种数量规律性的解释。统计学的内容按其目的与功能可分为描述统计、推论统计两部分。描述统计主要研究如何将实验或调查得到的大量数据简缩成有代表性的数字，使其能客观、全面地反映这组数据的全貌，将其所提供的信息充分显现出来，为进一步统计分析和推论提供可能。描述统计通过绘制统计图表及计算各种统计量来描述这组数据的各方面特征，一般步骤为：对原始数据进行分类，作出次数分布表及次数分布图并算出峰度，以偏度系数反映数据的分布特征；计算平均数、中数、众数等集中量数，以表示一组数据的集中趋势；计算全距、平均差、四分差、标准差或方差等差异量数，以表示一组数据的分散程度；计算相关系数、回归系数或回归方程，以反映两列变量之间的关系或一致性程度。推论统计以描述统计为基础，以解决由局部到全体的推论问题，即通过对一组统计量的计算分析，推论该组数据所代表的总体特征。推论统计一般包括对总体参数的估计和假设检验两方面的内容。对总体参数的估计分为点估计和区间估计。直接用样本统计量估计总体相应参数所得到的值称为点估计。区间估计的特点是根据样本分布及标准差，算出一个区间作为对总体参数的估计，同时给出这种估计的置信度，即总体参数落在该区间的可能性。假设检验是一种统计的推理过程。其方法是首先对于所研究的问题建立假设，但检验时并不直接验证它，而是提出与此假设对立的假设，然后通过论证给出相应的显著性水平。常用的是平均数、方差、比率、相关系数及回归系数等统计量的差异检验。也就是说，要检验从样本得到的统计量差异究竟是真实代表总体之间的相应参数的差异，还是仅仅由取样误差所造成的。

综观已有的关于价值观的研究方法，采用人文主义研究的文献较多，尤其是在关于中国传统价值观的研究中。此外，国内关于价值观的实证主义研究多以西方价值观的量表作为研究工具，通过修订欧美价值观的问卷，以中国人作为量表的常模，进行价值观的比较研究，这类研究以台湾的研究成果较多。这类研究有助于为本土价值观研究确定方向，可以作为初期研究或探索性研究。再者，关于价值观的人文主义研究往往基于西方价值观研究者构建的“微世界观点”来看待和分析中国社会文化背景中的个体行为，欠缺基于中国传统文化下的价值观的理论构建与分析。

近期研究者认为（金盛华、辛志勇，2003），综观当前中国人价值观研究的现状和发展趋势，中国人价值观研究存在以下几个方面特征：第一，在价值观的理解上，研究者倾向于采用借鉴西方和吸收哲学界定义两种方法，没有形成心理学领域共同认同的界定。第二，在研究取向方面，与社会层面和个体层面的价值观研究相比，文化层面的价值观研究占主流地位且影响较大。第三，在研究方法的选择上，除理论研究外，实证研究主要以问卷法为主，研究对象多取自青年群体尤其是大学生和中学生群体，研究地区也多局限在几个主要的大城市，并且共时性现状研究明显多于历时性追踪研究。第四，在研究内容方面，综合性研究要多于某单一价值观纵深探讨。最后，中国人价值观研究的进一步走向将是建立概念共识、强调方法的多元化和历时性追踪研究，并重视探讨价值观和行为的关系及价值观教育问题。

第二章　青年的生理、心理发展

“吾十五而有志于学，三十而立，四十而不惑，五十而知天命，六十而耳顺，七十而从心所欲，不逾矩。”

——《论语·为政》

青年时期包括青少年期和青年期两个阶段，青少年期（12～18岁）是个体从童年向成年发展的过渡时期，这一时期又被称为青春期或青年早期。18～35岁这一阶段称青年中后期或青年期。尽管青少年期和青年期两个阶段均属过渡期，但在生理、心理以及社会性发展方面各有侧重。

第一节　青春期的发展

一、青春期的生长发育

青春期的个体往往被称为青少年。青少年的生理机能逐步增强，皮下脂肪处于儿童与成年人之间的水平。男孩从13岁起，生殖器官开始迅速发育，到15岁、16岁出现第一次遗精，这意味着男性性功能的逐渐成熟。女孩的生殖器官在12岁左右迅速发育，14岁左右出现月经初潮，标志着她们的性功能逐渐成熟。

青少年身体和生理机能的快速发展主要表现在三个方面：身体外形的改变、内脏机能的成熟、性成熟。

（一）身高和体重

身高和体重是个体身体发育的主要标志。从出生到成熟，个体的身高一直在增长，体重也在不断地增加。通常，女性身体发展到18岁左右停止，男性到20岁左右停止。个体身体发育有两个快速期（或称高峰期）。第一个发育高峰期是从出生到2岁阶段，第一年发育速度最快，身高比出生时增长50%，体重达到出生时的两倍。第二年与第一年末相比，身高约增长10 cm，体重增加3～3.5 kg。第二个发育高峰期的年龄是11～13岁（女）和13～15岁（男），这个年龄阶段属于青春发育期。这一期间每年身高增长的平均值一般为 6 ~ 10 cm，体重增加的平均量一般为 4 ~ 5 kg。

（二）个体各生理系统发育的不平衡现象

不同的生理系统的发育各有不同的模式，遵循着不同的规律。一般的生理系统，如肌肉、骨骼、呼吸、消化系统的发育过程有两个快速期和一个缓慢期。4 岁以前是第一个快速期，发展迅速；5 ~ 10 岁处于相对缓慢发展期；从 10 岁、11 岁开始到成熟阶段又进入发展非常迅速的时期。

1. 神经系统的发展

人脑的发展具有程序性和连续性，而且不是等速发展。大脑发展有两个快速期。第一个快速期在 5 ~ 6 岁，第二个快速期在 13 岁左右。胎儿出生时脑的基本结构已经初步具备，但发育不完善。出生时脑神经细胞的数量与成人相同，但其细胞较小；大脑皮层已经出现 6 层结构，但是沟回不明显；树突短小，大部分神经纤维未髓鞘化。脑的结构在人出生后的发展主要是皮质结构的复杂化。具体表现为：①神经细胞结构的复杂化。神经细胞体积增大，神经细胞突触的数量和长度增加。②神经纤维增长。神经纤维深入到各个皮层，逐渐完成神经纤维髓鞘化。③皮层结构复杂化。大脑皮层的沟回加深，皮层传导通路髓鞘化，且传导通路髓鞘化，依次为感觉通路、运动通路、与智力活动有关的额顶叶髓鞘化。出生时脑的重量一般为 350 ~ 400 g，是成人脑重的 25%，出生后脑的重量一直增加到成熟为止，增加的速度早期迅速，后期缓慢。脑重增加在第一年最迅速，可达成熟期的 50%；2 ~ 3 岁时脑重达成熟期的 75%；6 ~ 7 岁时脑重为1 280 g，达到成熟期的 90%；12 岁时脑重约达1 400 g，与成人脑重非常接近；20 岁时脑重增加停止。

在大脑的发育过程中，脑的额叶的发展对心理发展有重大作用。额叶被称为意志和创造的中枢。额叶中央沟前面部分是运动分析器的终端部分，中央沟前面下部分正中沟附近又是言语运动中枢。这两部分和随意运动的发展、言语的发展都有密切关系。脑电图的研究证明：脑的发展顺序是沿着枕叶向两侧颞叶再到顶叶最后达到额叶。额叶是脑发展的终末部分，成熟最晚，和智力发展有密切关系。青少年额叶的增长特别显著，皮层细胞的积极活动能力加强，积极抑制进一步发展，神经过程的灵活性逐渐增强，第二信号系统在两种信号系统协同活动中的主导作用更强。所有这一切都为青少年智力的发展乃至繁重学习任务的完成创造了条件。

2. 生殖系统的发展

人的生殖系统中的生殖器官在 10 岁以前基本上没有发育，10 岁、11 岁以后迅速发育成熟。第二性征的出现与初步性成熟是青少年生殖系统发育的主要内容。

第二性征是性发育的外在表现，是青少年身体外形变化的重要原因。男生第二性征主要表现为：喉结突出、嗓音低沉、体格高大、肌肉发达，出现胡须、多而密的汗毛以及阴毛和腋毛；女性第二性征主要表现为：嗓音细润、乳房隆起、骨盆变宽、臀部浑圆、皮下脂肪增多，出现阴毛和腋毛。生殖系统是人体各系统中发育成熟最晚的，它的成熟标志着人体生理发育的完成：①性激素的分泌增多。青春期前无论男女性激素分泌都很少，青春期后分泌增多。性腺的成熟使女性出现月经、男性发生遗精。②首先是性器官的发育。男女性器官在青春期前都发育缓慢，到青春期后发育加速。其次是毛发的生长。短柔毛的生长是青春期开始的预兆，也是青春期的显著现象，是指在身体某些部位上出现毛发，包括阴毛、腋毛、胡须、胸毛、腿毛等。再次是乳房的发育。乳蕾的出现一般也是男女发身的标志。女性乳头乳晕增大，乳房形状成熟，乳房发育通常在月经初潮前完成。男性乳房也会有暂时性增大。此外，还有月经来潮或遗精。月经来潮是子宫膜每月一次的脱落，是女性性成熟的象征。女孩对此的态度取决于对初潮的准备和周围人尤其是母亲传递的态度。遗精指男性睡着的时候射出精液。皮肤变化为小脓包和粉刺出现，是青春期皮肤最显著的变化。皮脂腺活动使皮肤油腻，毛孔增大变粗，还使毛发油腻；汗腺活动增强身体气味。③性机能的发育。性器官的发育是以女性出现月经、男性出现遗精为表征。男性的性反应和性能力在17～20岁达到高峰期。随着生理方面的迅速发展，青少年的性心理有了相应的发展，其主要表现是性意识的发展。青春期男女照镜子成为习惯，大多数青少年关心外表甚于关心其他任何方面。他们对外表的每一方面都担心，希望自己符合理想的性别形象，其中尤以身高和体重最影响对自我身体形象的满意感。矮个男孩和肥胖女孩总是不满意自己的形象，高个男孩和苗条女孩则相反。另外，如身体有任何的异性特征或遭人嘲讽都可能导致重大打击。但若此时建立起较好的自信心和自尊心，认为自己有吸引力，若干年后也会较有幸福感。

一般来讲，把一代人提早达到成人的成熟标准的现象叫做发展加速现象。这种现象在40多年前就有学者指出，它是世界性的问题。实际上，近百年以来就已经出现发展加速的苗头。其表现为，在发展加速期间，出现青春期缩短现象。乳房发育、体毛发生、变声等第二性征，以及月经初潮、遗精现象都提早出现，并在短期间内达到初步成熟，从而形成青春期缩短化的现状。由于生长发育加速的不平衡，出现早熟儿（加速儿）和晚熟儿。早熟儿在身体和智力发展方面比同龄儿童有优势，往往容易在朋友中、在伙伴关系中处于较高的地位。男孩子对性功能提早成熟还缺乏精神准备，而容易出现不由自主的性冲动。早熟的男孩可能会因其男子气而受欢迎和关注，也会更满意自己的形象。提早进入青春期的女孩子，由于身体加速变化，其体力和体能一时不能适应，又因她们的兴趣爱好也常与同龄朋友不一致而产生苦恼，也可能因其早熟而被议论，她们倾向于加入年龄大一些的青少年团体，更可能出现品行问题。另一方面，晚熟儿身体发育相对迟缓而容易有低人一等的感觉。晚熟的男孩可能承担一些压力甚至嘲笑。

此外，青春期内分泌功能活跃，与生长发育相关的激素分泌明显增加。一些重要的内分泌腺如垂体、甲状腺、甲状旁腺、肾上腺、胰岛、性腺等，分泌各种高效能的生物活性物质——激素，释放入血液或组织液和它们各自的受体结合，对某些特定细胞的代谢过程或其中的几个代谢环节产生作用，能对某种酶的活性进行调节，保障身体各器官、各组织的生长、发育及成熟过程顺利进行。

青春期内分泌的调控是一个复杂的过程，受许多因素影响，其中神经系统对内分泌的调节起重要作用。在神经系统对内分泌调节的同时，周围靶腺分泌的激素也可作用于下丘脑和腺垂体，实行“正”或“负”反馈调节，从而使下丘脑、腺垂体、靶腺间形成几个重要的轴系统，其中与青春期发育关系最密切的是下丘脑－垂体－性腺轴。社会心理因素、环境因素和瘦素（leptin）水平，都是影响下丘脑－垂体－性腺轴功能活动的因素。

青春期发育的开始年龄、发育速度、发育水平及成熟年龄均存在明显的个体差异。出现这些差异的原因来自遗传、环境两个方面。关于青春期的启动机制有多种观点，迄今未完全取得一致。较一致的观点主张中枢神经系统、下丘脑－垂体－性腺轴系统对此起决定性作用，其功能状态直接影响或控制青春期发育。

青春期发育开始后，伴随各内脏器官、系统的发育，心、肺、造血系统的生理功能也发生相应变化。形态发育和功能发育相互促进，使青少年身体渐趋成熟。

二、青春期的心理发展

青春期个体的心理都已基本成熟，当青春期结束的时候，个体已都满18岁，可以获得公民资格，开始考虑如何选择未来的学业和生活道路。青少年生理发展是心理发展的物质基础，制约着青少年心理的发展。在青春期，青少年身体的各个方面都迅速发育并逐渐达到成熟，但是心理发展的速度却远远赶不上其生理的发展，这就造成青少年在身心发展上的种种矛盾和特殊表现。

青少年心理发展的一般特征为，思维能力明显发展，情感丰富、强烈、易冲动、不稳定，存在独立性和依赖性的矛盾，人际交往中寻求异性关系的建立，渴望与异性交往。

（一）认知能力的发展

青少年时期的感知表现为一种特殊形式，即观察能力，这是一类有目的、有计划、持久、有思维活动参与的知觉。研究发现，青少年观察的发展具有如下特点：①观察事物的自觉性逐步增强。进入中学以后，每个学科几乎都要求中学生发展自觉的观察力，而且随着其自我控制能力的发展，观察的持久性也不断增强。②观察事物的精确度不断提高。对事物观察的精确度是与分析综合的思维能力密切相关的。随着中学生思维能力的不断发展，他们观察事物细节的感受性逐渐增强。此外，中学生对比事物的正确率也逐渐增加。③观察事物的概括性明显发展。由于思维的发展和思维参与到观察中去，中学生的观察逐渐变得全面和深刻。国内研究表明，初中二年级是学生观察概括性发展的转折点。④观察事物的方法不断完善。随着年龄的增长，中学生逐渐能够掌握观察的程序和操作要求，能够遵循从整体到部分再从部分到整体等顺序进行观察，既能进行全面观察，又能抓住事物的主要特征进行重点观察。

青少年时期的记忆力是人生中记忆力的最佳时期，达到了记忆的高峰。具体地说，有如下特点：①有意识记随目的性增加而迅速发展。进入中学后，学生逐渐学会根据教材内容，独立地提出识记的目的和任务，能逐步自觉地检查自己的识记效果，主动选择良好的识记方法等。②意义识记能力不断提高。进入中学以后，由于学习内容的不断增多、加深以及言语和抽象逻辑思维的发展，意义识记得到了发展。心理学研究表明，进入初中以后，中学生的意义识记能力就超过了机械识记能力，并呈直线上升的趋势；相反，机械识记运用得越来越少，其效果也越来越差。③抽象记忆有较快发展。初中学生在抽象记忆发展的同时，具体形象记忆也在发展，但发展的速度已慢于前者；到了高中时期，抽象记忆发展迅速，而具体形象记忆则开始出现下降的趋势。

青少年注意能力的发展主要表现为注意的目的性增强，注意的稳定性迅速发展，注意的选择性提高，注意的转移能力增强，注意能够进行灵活的分配。

青少年想象能力的发展主要表现为有意想象占主导地位，创造想象日益占优势地位，想象更加现实化。

青少年思维的主要形式是抽象逻辑思维，而抽象逻辑思维发展的突出特点是由“经验型”上升为“理论型”。根据皮亚杰的认知发展理论，青少年的思维能力处于具体运算向形式运算思维过渡的时期。其主要特点是思维活动不再受思维内容的局限，可以依据假设进行逻辑推理，能运用形式运算解决诸如组合、包含、比例、排除、概率及因素分析等逻辑课题。形式运算阶段思维的主要特点是，可以在头脑中进行抽象的符号运算，在头脑中把事物的形式和内容分开，可以离开具体事物进行逻辑运演，形成独立的形式运算体系。青少年在面临智力问题时，并不是直接寻求结论，而是根据问题、条件和情境，对课题进行逻辑分析，提出解决问题的假设，得到将会出现的不同结果的可能性。然后通过进一步的逻辑分析和实验证明，最后确定何种可能性是事实，再运用逻辑推理的方法得出适宜的现实性结论。他们不断地检验假设，迅速地放弃不正确的假设，及时地建立新的假设，从而使建立假设和验证假设的能力逐渐提高并趋向成熟。

心理学研究表明，青少年思维的具体发展时间为：小学高年级的学生开始运用抽象的、逻辑的思考方式依照逻辑原则去推理或判断，其抽象逻辑思维逐渐占优势地位，但在很大程度上，还是属于经验型的，还需感性经验的直接支持；初二是中学阶段思维发展的关键时期，从此开始，中学生的抽象逻辑思维由经验型水平向理论型水平转化；到高中一、二年级，这种转化初步完成，具有完全的形式运算功能，能够按照归纳法则进行严密的逻辑推论。这就意味着他们的抽象逻辑思维日趋成熟。但是并非所有青少年或成人都能达到此阶段。

青少年期儿童的思维具有抽象逻辑性。抽象逻辑思维主要有三个方面的特点：①青少年的抽象逻辑思维是通过假设的、形式的和反省的思维发展的。②青少年的逻辑思维处于由经验型向理论型过渡的阶段。③青少年阶段是抽象逻辑思维发展的关键期和成熟期。

（二）情绪、情感的发展

情绪和情感是人对客观事物的态度体验及相应的行为反应。人的情绪、情感总是和一定的刺激情境相联系的。情绪是以个体的愿望和需要为中介的一种心理活动。情绪和情感是由独特的主观体验、外部表现和生理唤醒等三种成分组成的主观体验，是个体对不同的情绪和情感状态产生的积极的或者消极的自我感受。情感的功能如下：①激发动机作用；②适应性作用；③组织作用；④传递信息作用。

青少年的情绪发展比情感丰富、强烈、易冲动、不稳定，容易出现两极性发展特征。情绪两极性是指情绪的动力性、激动性、强度和紧张度等维度上的特征。这些特征的变化幅度又具有两极性，每个特征都存在两种对立的状态。情绪、情感的两极性包括以下几个方面：①情绪的动力性有增力和减力两极。一般来讲，需要得到满足时产生的积极情绪是增力的，可提高人的活力；需要得不到满足时产生的消极情绪是减力的，会降低人的活动能力。②情绪的激动性有激动与平静两极。激动是一种强烈的、外显的情绪状态，如激怒、狂喜、极度恐惧等。平静是指一种平稳安静的情绪状态，它是人们正常生活、学习和工作时的基本情绪状态，也是基本的工作条件。③情绪的强度有强、弱两极，如从愉快到狂喜，从微愠到狂怒。在情绪的强弱之间还有各种不同的强度，如在微愠到狂怒之间还有愤怒、大怒和暴怒等。④情绪的紧张度有紧张和轻松两极。如果情境比较复杂，个体心理准备不足而且应变能力比较差，人们往往容易紧张，甚至不知所措。如果情境不太紧急，个体心理准备比较充分，应变能力比较强，人就不会紧张，而会觉得比较轻松自如。青少年的情绪波动较大，两极性情绪较多。情感是人对客观事物所持态度的体验，是对客观事物刺激的反映。青少年随着脑神经兴奋和抑制的强化以及生活经验、社会实践的增多，脱离童年期幼稚型情感，逐渐从低级性的单纯天真的情感活动向高级社会性情感发展，表现为具有一定群体感、道德感、美感、社会责任感、向往美好理想的成熟型情感。这是青春期教育和道德理想教育的心理基础。

（三）青少年个性和社会性的发展

1. 人格的发展

人格是决定一个人适应环境的独特的行为模式和思维方式，是个人具有的比较稳定的心理特征的总和。人格是一个复杂的结构系统，它包括许多成分，主要包括能力、气质、性格、认知风格、自我调控等方面的特征。人格具有以下特征：①独特性。一个人的人格是在遗传、环境、教育等因素的交互作用下形成的。不同的遗传、生存及教育环境，形成了各自独特的心理特点。人与人没有完全一样的人格特点。“人心不同，各有其面”，这就是人格的独特性。但是，人格的独特性并不意味着人与人之间的个性毫无相同之处。在人格形成与发展中，既有生物因素的制约作用，也有社会因素的作用。人格作为一个人的整体特质，既包括每个人与其他人不同的心理特点，也包括人与人之间在心理面貌上相同的方面，如每个民族、阶级和集团的人都有其共同的心理特点。人格是共同性与差别性的统一，是生物性与社会性的统一。②稳定性。人格具有稳定性。个体在行为中偶然表现出来的心理倾向和心理特征并不能代表他的人格。俗话说，“江山易改，秉性难移”，这里的“秉性”就是指人格。当然，强调人格的稳定性并不意味着它在人的一生中是一成不变的，随着生理的成熟和环境的变化，人格也有可能产生或多或少的变化，这是人格可塑性的一面。正因为人格具有可塑性，才能培养和发展人格。人格是稳定性与可塑性的统一。③统合性。人格是由多种成分构成的一个有机整体，具有内在统一的一致性，受自我意识的调控。人格统合性是心理健康的重要指标。④功能性。人格决定一个人的生活方式，甚至决定一个人的命运，因而是人生成败的根源之一。当面对挫折与失败时，坚强者能发愤拼搏，懦弱者会一蹶不振。

青春期人格的发展主要表现为自我同一性的形成，体现为独立性和依赖性的矛盾中。青少年思维能力增强，实践范围扩大，要求用自己的内心去体验世界，按照自己的意志行事，想要摆脱父母的羁绊而独立自主地生活。有时他们对老师和父母的话，不仅不太听得进去，还会提出批评意见，甚至有意无意地顶撞老师和父母，两代人之间的隔阂以及矛盾冲突也就因此而起。然而，青少年毕竟不是成人，他们在心理上有的时候仍然摆脱不了孩子习惯式的幼稚行为，有很多地方仍然要依赖父母和老师。因此，老师和父母应充分认识青少年期的矛盾情况，既要尊重孩子的独立性和主动性，在安排各项活动时不包办代替，又要给予必要的具体指导，防止他们因贪玩或醉心于某项活动而耽误学习或误入歧途。

2. 青少年世界观的发展

青少年时期是价值系统的重建时期。对青少年而言，儿童期所建立的道德观以及价值观，都是由师长、父母耳提面命的行为规范，基本上都是文化中“理想的”价值观，例如，要尊敬长辈、做人要诚实等。但是随着认知能力的增长，青少年周遭环境渐趋复杂化，生活范围也逐渐扩大，青少年开始有能力觉察到在成人社会中实际运作的价值体系与他所接受的价值观之间有着明显的差距（Bryan，1975；Niemczynski and Maciejowska，1989）。例如，他可能会发现，教导他不能说谎的老师却公然做假；教导他要尊敬长辈的父母竟然轻蔑自己的双亲。成人的言行不一使得青少年必须面临许许多多价值与价值之间的矛盾，规则与规则之间的冲突，也因此不得不对以前的价值观或道德认知重新评价、重新理清、重新定位。面对着这样一个充满困惑与矛盾的世界，青少年对独立自主的追求，以及在发现价值矛盾的过程中，对父母与师长所产生的怀疑，使得青少年在修正旧的价值观、发展新的价值体系时，并不愿意接受成人直接的协助或指导，而宁愿自由地选择与尝试。

随着社会的发展与进步，个人价值观也在不断改变，逐渐偏离传统价值观。举例而言，Rokeach（1973）的研究指出，青少年时期比较重视与人际有关的社会价值与道德价值，比较不重视属于个人的能力价值；或者说，个人能力的价值自青春期后有随着年龄的增加而愈受重视的倾向。就目的性价值而言，青少年较重视国家的安全、世界的和平、家庭的安全、自由、平等、博爱，较不重视舒适的生活、成熟的爱、多彩多姿的生活、社会的赞许、心灵的超脱。就工具性价值而言，较重视有志气、有抱负、心胸开阔、真诚、负责、爽朗、愉快，较不重视智慧、服从、亲密、有想象力、礼节。就整体的价值变迁而言，青少年的价值观比之以往的确有趋向个人价值的倾向，然而，相较于成人，青少年还是比较趋向社会取向与道德取向的。

青少年价值观的形成过程中，有几个关键的影响因素。这些因素在价值观的形成过程中，彼此角力，互相竞争影响力。①早期建立的价值观。青少年的价值观并非无中生有，它的发展基础是在儿童期，通过大人的教导与同伴的互动经验所形成的。无论是大人的教导还是学校教育，都教诲许多包括诚实、圆满、无私等社会所期许的价值。另一方面，通过无形的身教与互动经验，儿童也逐渐形成一套看待周遭事物的眼光，例如，“这世界有无规则可循?”“人际关系是否变幻无常?”“这世界有无绝对的真理?”这些价值观与世界观自然会成为青少年迈向另一个发展阶段的起点。②认同的团体与个人的价值观。青少年是一个寻求自我认同的时期，因此他如何定位自己，便影响他对特定团体的认同。例如，一个在学校中因为功课跟不上而饱受歧视的学生，他会认为“学校不是为我存在的”，“我来不来上课，学校一点都不在乎”，反倒是外面的团体“我一天不去，他们马上找我”（林文瑛、王震武、黄富源，1999）。认同自己是团体中的成员，自然会认同团体所重视的价值，遵守团体的行为规范。青少年期重叠了自我认同与价值重建的过程，因此青少年所认同的对象自然会对青少年的价值观产生深远的影响（郭燕如，1987）。③社会交往影响个人价值观的形成。青少年的社会人际网络决定了他会遇到什么样的人，接触什么样的想法，看到什么样的行为模式。例如，有“不良”朋友的青少年，会有较多机会接触“不良”的行为模式。但是如果他也与其他类型的朋友交往，便能够产生与接触“不良”行为相拮抗的想法，在行为判断上产生冲击与竞争力。同样，社区、家庭聚会、课外活动、运动嗜好，都会提供不同的人际网络、不同的经验机会（陈淑湘，1998）。④逻辑思维能力为价值观形成提供内在基础。价值观涉及的是基本哲学的思考，需要逻辑推理，更需要价值澄清（Duska and Whelan，1975）。因此，青少年能否察觉价值冲突，能否解决冲突，能否以自己的核心价值为基础，审视判断的合理性，依赖于理性的思考方式与成熟的推理能力。如果我们教育青少年要珍惜友谊，结果却看到他们不惜为朋友坐牢；教育青少年要孝顺父母，却让他们压抑自我、委曲求全；教育青少年要勇于表现自我，却发现他们自我膨胀、自私自利，这显然违背我们价值教育的初衷。那么，青少年欠缺的显然不是价值的引导，而是价值的推论过程。实践抽象的价值，需要充分澄清价值在不同情境中的可能表现，更需要理清价值间的相对关系，思考能力自然十分关键。总而言之，青少年价值系统的建立是以原有的价值系统为基础，面对环境中新刺激的挑战，对日趋成熟的内在思考能力的检验，最终所达成的平衡结果。

3. 青少年品德的发展

道德（Moral）是指人的习性与品性及所应遵守的规范或准则，包括知、情、意三个层面。其中知就是道德判断、思考及推理；情就是对行为表现的情绪感受，如犯错之后的罪恶感或羞耻心；意就是意志力量，即抗拒诱惑的自制力量。

根据皮亚杰道德认知发展的理论，青少年的道德发展属于道德相对论或自律道德阶段。从10岁或11岁开始，大多数青少年就达到了皮亚杰关于儿童道德认知发展的第三个阶段——道德相对论或自律道德阶段。这一阶段儿童的道德认知特点是：首先，他们从道德绝对论变为道德相对论。儿童认识到，社交规则是由人来制定的，是可以修改的，在大家都同意的情况下规则可以改变。他们还认为，为了服务于人的需要，也可以违反规则。因此，他们认为，为了救病人而超速行驶的司机没有什么不道德，尽管他违反了交通规则。其次，在这一阶段，是非判断的主要根据是行为者违反社会规则的动机，而不是行为的客观后果。因此，10岁儿童会一致地说因偷吃果酱而打碎了1个杯子（坏的动机）的亨利比在去吃饭时打碎15个杯子（好的或中立的动机）的约翰更坏。再次，在如何惩罚违规行为问题上，自律阶段的儿童赞成回报的惩罚。也就是说，处理违规行为时，要使惩罚性后果与“错误行为”相符合，以使破坏规则者能够理解他们的错误行为的意义，不再重蹈覆辙。因此，道德自律的儿童会认为，有意打碎窗户玻璃的儿童应该用自己的零用钱来赔偿，而不是简单地接受打屁股的惩罚。最后，自律的儿童不再相信内在公正。他们从经验中知道，违反社会规则的行为如果没有被发现就不会受到惩罚。他们已经怀疑“老天爷会报应你的”这句话。

根据科尔伯格的道德判断发展理论，自13岁之后，青少年内化道德的规则，并认清道德标准之间冲突与选择的标准，进入习俗后的道德观水平。青少年时期的道德判断处于尊重规则和权威阶段。在青春期阶段，个体能够根据别人的想法做出举一反三的思考，他们看重从法律中反映出来的公众意见，认为遵守合法权威制定的规则的行为就是对的。遵守法律不是因为害怕惩罚，而是相信规则和法律能够维持社会秩序。科尔伯格还指出，相互尊重和作为思维的自律系统（也就是说，通过参与社会，反思个人行为，完善社会规范的情况）的正义、权利观念，最早要到青少年晚期才会出现。整个青少年期，甚至在成年初期，道德都在向更为复杂的水平发展。

4. 青少年社会交往的发展

青春期同伴亲密关系的形成是人际关系发展的最为重要的方面，对青春期的发展也有重要的意义。在青春期，人的身体、生理、心理、社会性等各方面都极其迅速地发展。在这个纵向的时间段上，青少年感到一切都瞬息万变，不可捉摸，他们对自己能否把握世界感到困惑，尤其不能把握自己对不安的体验。青少年迫切需要一种稳定性，能够把握住自己及外界的变化。为此，他需要一个镜子，一个对照。而同伴关系正是为青少年提供了这种镜子，使青少年能够进行这种对照。青少年在与他同龄、同样经历着迅速变化的同伴身上，捕捉到自身的镜像。由于两者都处在同样的发展历程中，彼此相同，因此利于看到自身相对的稳定性，从而获得稳定感。这在很大程度上对青年人的困惑不安起到了慰藉作用。这就好比一个人坐在火车上，当他外眺呼啸着从眼前飞过的世界时，他只能有一个模糊的印象，几乎不能把握，所有的印象都瞬间即逝，因而产生强烈的不稳定感。但他若能看看同车的伙伴，他看到的虽然是和他完全一样运动着的对象，但彼此却是相对静止的，他能够对对象产生清晰的印象和知觉，因而他能够体验一种相对的稳定性。

同辈群体的特点：

（1）由个人自由选择结成的非正式群体，具有较强的内聚力。由于是个人自由选择结合的结果，因而同辈群体的成员之间容易产生较高的心理认同感，交往是在自然随意的过程中进行的，常常在彼此相互依赖和随意的冲突中实现彼此的沟通，最终获得心理归属和价值认同。群体成员虽然在价值取向上存在一定的差异，但以感情接近、观点相同为基础的青少年同辈群体往往具有统一的群体意志和较强的内聚力。

（2）基本上是平等关系。即使有领导和服从，也是相互自然协商的结果，是个体愿意接受的。因此，同辈群体能使个体练习平等交往的技能，为成为正式的社会成员做好准备。

（3）交流、交往的内容十分广泛。同辈群体提供了个体间交流各种社会信息、看法的平台。其成员可以商讨自己对社会的看法，交流一些成人不允许谈论的话题，扩大了个体社会经验，提高了社会认知能力。

（4）有自己的亚文化。这种亚文化提供了新的价值标准和行为方式，从心目中的崇拜偶像、英雄榜样到沟通的语言、交流交往方式、消费方式乃至服装、发型等都体现出群体特有的志趣分明的亚文化特征，这种亚文化对青少年思想价值观念与品德发展有重要影响。

（5）一般有较强的权威性的核心人物。作为非正式组织的同辈群体，其核心人物既非任命或派遣的，也非选举产生的，而是在群体活动中凭借自己的知识、才能、阅历、品德等内化的因素获得成员的普遍认可后自然而然产生的，他对群体成员的影响依靠的是权威而非权力，他具有较强的凝聚力和号召力。同伴关系主要是指同龄人或心理发展水平相当的个体间在交往过程中建立和发展起来的一种人际关系。同伴交往、同伴经历是同伴关系的外在表现形式。同伴关系是青少年调节自己的心理平衡的重要机制。关于同伴关系的研究最早可以追溯到20世纪三四十年代，研究手段主要是应用社会测量学技术来评定个体在同伴中受欢迎的程度。

良好的同伴关系可以促进青少年社会化，发展青少年良好的社会行为、良好的情绪情感及社会交往能力，可以使青少年形成良好的品德。同伴关系的外在表现形式即同伴交往，同伴交往对青少年社会化有着深刻的影响。同伴交往可以使青少年摆脱“以自我为中心”，发展良好的社会行为。①同伴交往能促进青少年情绪情感的良好发展。青少年通过与同伴的交往，满足自己交往和归属的需要。需要的满足会使青少年得到快乐，而快乐是个体最基本的肯定的情感体验，有助于青少年形成乐观、开朗的性格。这一切又恰恰是社会对个体情感发展的期待。如果交往的需要得不到满足，青少年就会产生消极情绪，时间久了，这种消极情绪就会严重阻碍其社会化的进程。②同伴交往为青少年将来的社会角色做了准备。青少年在与同伴的游戏中，积极地对成人世界中的各种角色进行模仿，这对青少年将来社会角色的形成是一种积极的准备。③同伴交往可以发展青少年的社会交往能力。青少年通过与同伴的交往，逐渐掌握一定的交往技能，掌握社会所认可的行为模式。他们互相模仿、学习对方的行为，又彼此竞争和对抗，并在共同的活动中形成一定的行为模式。④同伴交往可以使青少年形成良好的品德。通过社会交往，青少年对是非、善恶行为准则和社会道德规范产生初步的认识。青少年最初的道德判断具有很大的情绪性、具体性和受暗示性，很容易受其他环境影响。正因为如此，榜样的作用便充分体现出来，树立同伴中的榜样和其他榜样则可能使青少年对品德规范有一定的认识。同伴关系本身就是一种强化物。青少年通过同伴对自己行为的认可，来衡量自己的行为，进而强化了自己积极的行为。在同伴关系和亲社会行为或侵犯行为的研究中表明，同伴关系对青少年的亲社会行为有显著的正效用。青少年的亲社会行为会被同伴接受，而攻击和破坏行为则遭到同伴拒绝。同伴的接受和拒绝强化了青少年的道德行为，使青少年认识到哪些道德规范是符合社会规范的，哪些是不符合社会规范的，最后内化为自己的道德品质。同时，青少年还可通过观察或模仿学习同伴受到肯定的品德行为，习得自己的行为方式。

5. 青少年自我意识的发展

自我意识是作为主体的我对于自己以及自己与周围事物的关系，尤其是人我关系的认识。自我意识是人的意识的重要方面。自我意识的水平是个性发展水平的标志，也是推动个性发展的重要因素。

自我意识并不是与生俱来的，它是在社会化过程中逐步形成的。其形成过程可分为三个阶段：①生理自我发展阶段。生理的自我意识阶段，一般指1岁到3岁。在生命的头一两年中，婴儿并没有自我意识。刚出生2个月的婴儿，生活在主体与客体未分化的状态中，分不清自己的手指和奶头，甚至把母亲当做自己的一部分，显然，这时是没有自我意识的。自我意识的最原始形态是生理自我，生理自我是指个人对自己身体的认识，包括占有感、支配感。生理自我最早在8个月才开始形成，到3岁左右才成熟，此阶段婴儿的表现行为是以自我为中心的，以自己的想法来解释外界现象，认为一切都为他而存在，以他为中心，所以又称为“自我中心期”。②社会自我发展阶段。从3岁到青春期开始，个体通过幼儿园的学前教育和后期的学校教育，受到社会文化的影响，增强了社会意识，认识到自己是社会的一员，尽量使自己的行为符合社会的标准。③心理自我发展阶段。从14岁、15岁到成年，大约10年的时间。在这个时候，青少年的性意识觉醒，抽象思维能力和想象力大大提高，在生理和心理上急剧发展变化的同时，促进了自我意识的成熟，开始进入心理自我的时期。在这个时候，青少年在意别人对自己的评价，希望引起别人的注意，不再像以前那样容易获得满足，开始对自己不满意，希望改变自己的外貌、性格等。心理自我是个人逐渐脱离对成人的依赖，并从成人的保护、管制下独立出来，表现出自我意识的主动性与独立性，强调自我的价值与理想。这是自我意识发展的最后阶段。这时青少年能够通过自我意识去认识外部世界，而且这样的自我意识过程将伴随其一生。

青少年期自我同一性的追求和确立：自我意识的发展和自我同一性的确立是青春期的重要发展任务。对青春期的人格发展和自我发展予以系统论述的是艾里克森的著名的自我同一性理论。他认为青春期的发展课题（任务）是自我同一性的确立和防止同一性的扩散。

艾里克森认为，个体在进入青春期之前的各个阶段的发展任务完成得好，如有较强的信任感、自主感、主动感和勤奋感，到青春期实现有意义的同一性的机会就较多；反之，就可能出现与自我同一性相反的情况，即同一性的扩散或混乱。他强调，青春期在确立自我同一性的过程中必须取得整合，才能使人格得以健全发展。一旦自我同一性的形成过程中出现同一性失调，就会导致自己无法认识自我或无法确认自我，而使自我处于一种毫无布局的弥漫、扩散、混乱状态。诚然，在一段时期内，为寻找自我、发现自我而出现暂时的同一性分散或角色混乱，多属正常现象。通过角色试验、亲身体验，经过一段时间的自我的痛苦探求，可能实现新的、更富创造性的、积极的自我同一。但是，如果长期遭到同一性的挫折，就会出现持久的、病态的同一性危机。他们无法知道自己究竟是什么样的一个人，想要成为什么样的人，不能形成清晰的自我同一感，致使自尊心脆弱、受挫，道德标准受阻，长久地找不到发展方向，无法按自己设计的模式正常生活。有的会走向与社会要求的同一相反的消极的同一，有的甚至会出现同一性扩散症候群的特征。

同一性扩散症候群的特点归纳为如下六个方面：①同一性意识过剩。陷入偏执于思考“我是什么人”、“我该怎么做”的忧虑中，被束缚于其中不能自拔而失去自我。②选择的回避和麻痹状态。有自我全能感或幻想无限自我的症状，无法确定或限定自我定义，失去了自我概念，失去了自我选择或决断。只能处于回避选择和决断的麻痹状态。③与他人距离失调。无法保持适宜的人际距离，或拒绝与他人来往，或被他人所孤立，或丧失自我而被他人所“侵吞”。④时间前景的扩散。这是时间意识障碍的一种，不相信机遇，也不期待对将来的展望，陷入一种无能为力的状态。⑤勤奋感的扩散。勤奋的感觉崩溃，或无法集中于工作与学习，或专注地发疯似地只埋头于单一的工作。⑥否定的同一性选择。参加不被社会所承认的集团，接受被社会所否定、排斥的生活方式和价值观等。

艾里克森也进一步说明，自我同一性是人一生的发展课题，青春期自我同一性的解决与前几个阶段任务完成的程度有密切关系，青春期未能很好地解决的自我同一性这个矛盾并不意味着今后就无法解决了。而已经建立的自我同一，也不一定一劳永逸，它还会在今后遇到种种威胁和挑衅。因此，自我同一的形成和确立是动态发展的、毕生发展的任务。

此外，青少年时期也是自我中心主义表现明显的时期。表现为：①“假想观众”。青少年往往认为自己是舞台上的主角，所有人都是观众。比如，有的学生考试没考好就不上学了，怕别人笑话，其实别人根本就不在意，只是自己在意自己，在意过度，就称为“自恋”的人。②“个人神话”。青少年容易无所不能，夸大了自己的感受与体验，自认为“自是花中第一流”，舍我其谁。例如，2004 年 7 月 3 日，北大清华登山队一名大学生在攀山中因手中所抓的石块脱落，坠落山崖，当即丧生。2006 年 5 月 4 日凌晨 2 点左右，一名女驴友在穿越库布齐沙漠过程中发病，经过多方努力后未果，不幸遇难。近几年报道过的青少年集体登山、探险活动等，家长根本不知道，他们却认为是独特的、有个性的行为，结果造成一些意外事故。

（四）青少年发展的影响因素

父母、同伴和学校仍然是影响青少年社会化的主要因素。父母对青少年社会化的影响也是最明显和最主要的，这是由于他们经常地接触到父母的言行。这种影响仍然是围绕着父母的教养方式和青少年对父母教养方式的看法来发挥作用的。研究者指出：和儿童期一样，热爱孩子的父母能促使青少年发展良好的人际关系，培养他们积极的自我概念和自尊；相反，对子女表示拒绝和冷漠的父母，则会导致青少年在智力、人际关系等各个方面的困难。另一方面，青少年如果感到被父母接受、有人需要，并感到自己有一定的独立自主性，就会促进他们的自我价值感和积极的自我概念的发展。父母对青少年社会化的影响也是主要表现在价值观和独立性发展方面，而对其他方面的影响则减少，这可以看做是父母影响的质量的提高。

同伴的影响在青少年又有了新的内容。这时，友谊是以感情的共鸣和体验的分享为基础的，择友是在个性和他们互惠的友谊的基础上进行的。在青少年期，儿童友谊的那种强烈性和热情有所下降，这时的友谊是出于个性特征的一致性，而不是与之共享秘密的需要了。另一方面，青少年期异性同伴关系也有了新的内容，此时青少年对异性的消极感受几乎都消失了，一半的男生和大多数的女生都跨过性别界限建立了友谊，信任和安全感是这种友谊的组成部分。当然，异性友谊的增长并不是要代替同伴朋友的亲密性，它只是亲密友谊的又一种类型。同伴对青少年社会化影响的领域与父母不同，他们主要是提供了更多个人需要的满足和必要的娱乐消遣。

青少年的异性交往：青少年由于性的发育和成熟，出现了与异性交往的渴求。如喜欢接近异性，想了解性知识，喜欢在异性面前表现自己，甚至出现朦胧的爱情念头等。但由于学校、家长和社会舆论的约束、限制，青少年在情感和性的认识上存在着既非常渴求又不好意思表现的压抑的矛盾状态。Murstein 的 SVR 理论和 Rusbult 的投资模式探讨了亲密关系的发展特点。

Murstein 的 SVR 理论主要是探讨亲密关系如何发展。他认为亲密关系的发展，依双方接触的次数多寡来看，可分为“刺激（stimulus）”、“价值（value）”、和“角色（role）”三个阶段。①刺激阶段。通常双方第一次的接触即属于刺激阶段。在这个阶段中，双方彼此间互相吸引，主要建立在外在条件上，例如被对方的外貌或身材所吸引。②价值阶段。一般而言，双方第二次至第七次的接触便属于价值阶段。在这个阶段中，彼此情感上的依附，主要是建立在彼此价值观和信念上的相似方面。③角色阶段。通常双方大约第八次以后的接触便开始属于角色阶段。在这个阶段中，彼此对对方的承诺主要建立在个体是否能成功地扮演好在此种关系中对方对自己所要求的角色上。虽然 Murstein 认为亲密关系包含刺激、价值和角色三个阶段，但其实在亲密关系的每个阶段中，这三种因素对关系都有影响，只是在每个阶段中，各有一个因素是最主要的影响因素。从整个关系发展历程来看，刺激因素一开始占较高的比重，之后随着接触次数的增加而逐渐上升，但是所增加的幅度很小，最后会趋于一个平稳的水准；至于价值因素虽然一开始时的比重较低，但关系发展至价值阶段的时候，这个因素的比重会迅速提高，不过在角色阶段时，其比重也会趋于平稳，且最后平稳的水准所占的比重，也比稳定后刺激因素所占的比重高；同样的，角色因素一开始所占的比重最低，到角色阶段则会超越其他两个因素，且随着关系的继续发展，其比重也会不断地往上提升。

Rusbult 的投资模式理论以社会交换论的观点来看亲密关系的发展，认为亲密关系中的双方，在此种关系中互相有所得失，并以一种理性且公平的评估方式，衡量自己在此种关系中的付出与收获，再以此评估为基准，决定其对关系的应对方式。在这类理论中，Rusbult（1980，1983）的投资模式是其中影响较大的一种。Rusbult 认为男女亲密关系中的“承诺（commitment）”是由满意度（satisfaction）、替代性（alternatives）及投资量（investments）等因素所共同决定的。根据投资模式的预测，当亲密关系中的个体对关系有较高的满意度、知觉到较差的替代性品质及投资了较多或较重要的资源时，便会对此亲密关系做出较强的承诺，也就是较不易离开此种关系。简单来看，可用一个方程式加以说明：

满意度 - 替代性 + 投资量 = 承诺

（1）满意度：指的是亲密关系中的个体对于他在此种关系中所得到报酬及所付出的成本评估后的实际结果；随着关系的长期发展，彼此的相互依赖性会随之提高，而开始将伴侣的结果和整个关系的结果也并入实际结果的计算，例如和伴侣一起分享他的成功或共同分担他的痛苦。此外，个体也会依据过去曾有的亲密关系及有关的经验（例如与家人和朋友所讨论、比较的结果），形成一个自己对目前关系所应得结果的预期水准。最后，个体会将在关系中获得的实际结果，与此预期水准相比较，而产生对此亲密关系的满意度：当实际结果愈好，预期水准愈低时，则满意度愈高。

（2）替代性：指的是对放弃此亲密关系的“可能结果”的好坏判断，可能结果包括发展另一段亲密关系、周旋在不同的约会对象间，或是选择保持没有任何亲密关系的单身状态等。个体对于可替代关系内伴侣的可能对象，考虑的因素不只包括特定的喜欢对象，也包括不特定的对象，以及个体对自己能否离开此种关系的能力的主观知觉与客观评估。此外，个体的内在倾向与价值观也会影响替代性的主观知觉。例如，当个体觉得有自信、有价值、有高自尊及有强烈的自主性需求时，通常会知觉自己有较佳的替代性品质，而较容易离开此亲密关系。

（3）投资量：指的是个体在亲密关系中，所投入或形成的资源。“投资”与报酬或成本最大的不同有两点：第一是“投资”通常不能独立地从关系中抽取出来，而报酬与成本可以；第二是当关系结束时，“投资”无法回收，而会随着关系的结束一并消失。因此，投资会增加结束关系的成本，使个体较不愿也不易放弃此种关系。从另一个角度看，则是增强了个体对此种关系的承诺。个体投资在亲密关系中的资源可分为两类：一类是直接投入的资源，如时间的投入、情绪能量的释放、个人隐私的想法与幻想的自我暴露以及为伴侣所做的牺牲等；另一类是间接投入的资源，如双方彼此的朋友、两人共同的回忆以及此种关系中所特有的活动或拥有物等。此外，在长期亲密关系中所形成的两人一体的认同感，长期相处以来所建立的默契与思想上的相似，以及彼此互补的一些记忆与信息等也是会随着关系结束即失去投资。个体所投入的资源层面愈广、重要性愈高、数量愈多时，则表示其投资量愈大；当个体在此种关系的投资量愈大时，对此关系的承诺也愈强。

（4）承诺：指会使个体去设法维持这种关系以及感觉依附在关系中的倾向。因此，承诺的定义包含两个部分：行为的意向与情感的依附。当个体对一份亲密关系做出承诺后，不仅代表他想维持这种关系并依附这种关系，而且也会促使个体做出种种有助于维持此种关系的行为。例如与他人作一些适应性的社会比较，并选择性地加以解释，以便得到此种关系是“很好”的知觉；对于对个体具有吸引力而易破坏现有关系的替代对象，尽量拒绝与其接触或减少相处的机会；采取有效的方式，处理有关嫉妒与第三者介入的问题；自愿为此种关系作一些付出与牺牲；以及当伴侣做了某些糟糕或不合己意的事时，采取顺应而非报复的方式解决。

第二节　青年中后期的发展

一、青年生理和身体的发展

青年中期的界定为18岁、19岁到28岁，青年后期的界定为28～35岁，这是青年的成人特征明显化的时期，也就是日常概念中的青年时期。

青年在生理与认知、个性与社会性上都走向成熟。青年期是生理状态的最佳时期，是健康、体力、精力和耐力发展的顶峰期，感觉和运动机能也处于最佳状态，这为青年心理和社会的发展奠定了良好的基础。24岁、25岁的青年的大部分身体机能充分发展：从大约20岁到40岁，视力最好，嗅觉、味觉和痛觉敏感性通常至少到45岁才开始下降，25岁以后，听力（特别是对高频音的听力）明显下降。

青年男性、女性的20～24岁年龄组平均身高在各个年龄段中是最高的，从一定程度上代表了该年龄段人体实际的高度。青年骨骼的生长虽然已经停止，但骨损伤后的愈合速度依然很快。肌肉力量在男性的30～34岁年龄组、女性的35～39岁年龄组达最高峰。随后肌肉的强度逐渐减弱，但减弱的速度随个人的活动度而异，而且不同肌群的减弱速率也不相同。大多数男性和女性体形属正常，但城市中非体力劳动者中肥胖的比例高于城市中体力劳动者的比例，而城市中体力劳动者的肥胖比例又高于农民的，肥胖比例随年龄而呈递增趋势。青年随年龄的增长，皮肤的水分逐渐丢失，弹性纤维的弹力逐步减退。在30岁左右，皮肤可表现出干燥、松弛、弹性降低、细小皱纹等现象。如果注意补充充足的水分并保持充足的睡眠，则皮肤老化的进程可有所减慢。

青年期各生理系统功能也达到最佳状态。青年神经系统的反应速度在男性和女性的20～24岁年龄组最快。对外界的反应速度随年龄增长逐步减慢。青年循环系统血管弹性良好，血压在男性和女性的20～24岁年龄组位于成年组的最佳水平，以后随着血管弹性的逐步下降，血压会有轻度的升高。青年的心肌收缩有力，以后随着心肌收缩力的逐步减退，平均最高心跳速率（average maximum heart rate）逐渐减慢，心脏应付日常生活的功能也逐渐退化。血清胆固醇水平的高低也是影响血液循环功能的一个重要因素。血清胆固醇水平随年龄的增长而逐步上升，如果注意控制饮食和进行适度的运动锻炼，则能够纠正因年龄增长、代谢减慢所引起的血脂升高。青年肺活量最大的时期是在男性的25～29岁年龄组、女性的20～24岁年龄组。由于肺组织的弹性纤维逐渐退化，肺容量随之降低，到了青年后期，若从事激烈运动，会出现呼吸急促或感到体力不支。青年在30岁以后胃液等消化液的分泌量开始下降，消化液中所含的消化酶等有效成分也相应减少，提示消化功能在减退。如果自恃年轻，饮食不规律，再加上工作紧张，胃炎、胃溃疡病等疾病就会出现。

男性的性反应和性能力在性成熟后的17～20岁迅速达到一生中的高峰期，随后逐渐稳定地减弱；女子在性成熟后的性反应和性能力缓慢增强，直到35～40岁才达到高峰，随后以比男子更为缓慢的速度减弱。国外学者通过流行病学研究发现，在20～43岁正常女性群体中，卵巢的衰老值与年龄呈负相关性。卵泡丢失率随年龄增长逐渐增加，而并非在某一年龄段迅速丢失。在21～30岁，数值基本保持不变；30岁后，数值随之下降。

青年期性和生育问题是主要的健康问题。经期综合征、性传播疾病、不孕不育是三种常见的性和生育问题。经期前综合征是在经期前一到两周发生的生理障碍或疾病。30岁以上的妇女最常见。70%以上的妇女有某些症状，而很典型的患者不到10%。临床表现：疲乏无力、暴饮暴食、头痛、肥肿、乳房过敏疼痛、手脚肿痛、腹胀、反胃、便秘、体重增加、焦虑、抑郁、易怒、情绪波动大、流泪、注意力难以集中或记忆力下降。发病原因：情感因素，对雌激素和黄体酮的异常反应。治疗方法：抗焦虑药物、身体运动、控制饮食等。青少年和青年期人群是性传播疾病的高感染人群，异性传播成为性传播疾病的重要途径。近年来，艾滋病毒、淋病、生殖器疱疹等性传播疾病的发病率上升，艾滋病成为25～44岁成年人死亡的重要原因。一般来说，不孕不育是指青年在婚后12个月仍然不能怀孕；近30岁的妇女生殖能力下降，30多岁的妇女生殖能力出现明显下降。男性生殖能力受年龄影响较小，但到40岁左右，开始出现明显下降。男性不育最常见的原因是精子数量减少，女性最常见的原因是输卵管堵塞。

二、青年的心理发展

青年人感知、记忆、想象能力均达到成熟水平，并且进入人生最佳时期。青年人的心理机能处于相对稳定的高水平阶段，他们的机械记忆能力、思维敏捷性虽略有下降，但心智活动的效率却达到最高水平。青年期记忆容量增大。在该阶段，青年人能够按照科学的记忆方法，每天背诵并记住上百个单词。同时，有意记忆和理解记忆逐步占主导地位。青年对学习和工作的任务较明确、目标较清楚，对内容记忆效果好。有意记忆是在对材料的理解和思维加工基础上达到的记忆。

辩证逻辑思维的发展在青年期，属于后形式思维阶段。这是形式运算阶段之后的一个更高阶段。这一时期，个体从以形式逻辑思维为主向以辩证逻辑思维为主转化。形式运算阶段或形式逻辑思维强调确定性、相对静止性，而较少注意事物的运动性、相对性和特殊性。辩证逻辑思维反映了事物之间的相对静止和相对运动，同时承认事物的确定性、逻辑性与矛盾性，可以根据现实情境进行严格的推理，在推理与现实的思考之间转换，能意识到问题可能有多种原因和解决方案，在选择方案时注重实用性；能意识到潜在的矛盾和冲突。后形式思维认识到对同一个问题有多种解释，人们的解释取决于他们的生活经验。具备后形式思维青年具有几个重要特征：①现实性。看问题避免极端化、绝对化，具有相对性，更符合实际情况，看到事物所处的不同程度。②变通性。能在抽象的推理与实际的、现实的考虑之间来回转换。例如“这在理论上讲得通，但在现实生活中行不通”。③多种原因，多种方案。即意识到大部分问题都有不止一种原因，也有不止一种解决方案，但是一些方案可能比另一些方案更有效。例如“我们按照你的办法试一试，如果不行我们再按我的办法试一试”。④实用性。从多种方案中选择最佳的解决方案，并确定选择的标准。例如“如果你想最实用，就这样做；如果你想最快，就那样做”。⑤矛盾意识。即认识到一个问题包含了潜在的矛盾或冲突。例如“这样做会让他实现自己的想法，但这最终只能使他不愉快”。

青年期可以进一步地认知从未经历过的事件，运用因果关系等逻辑理论构成命题，建立假说。能够运用逻辑法则和推理建立抽象的问题与命题是认知能力成熟的表现。青年完全可以按照提出问题、明确问题、提出假设、检验假设的途径，经过一系列抽象逻辑过程达到解决问题的目的。青年通过抽象逻辑思维提出假设的能力得到了充分的发展。

美国心理学家帕瑞认为，进入青年期后个体思维中逻辑的绝对成分逐渐减少，辩证成分逐渐增多，其原因之一是由于个体逐渐意识到对同一个问题存在多种观点和多种解决方法。帕瑞对青年期的思维进行了研究，发现青年期的思维发展可以分为三个阶段。

第一阶段：二元论阶段。青年初期的个体对问题的看法非此即彼，要么对，要么就错，没有“灰色区”，易将知识视为固定不变的真理。

第二阶段：相对性阶段。处于这一阶段的个体不再毫无区分地把知识当做不变的真理，而是通过比较不同的理论、方法，进而找到有效的理论和方法。

第三阶段：约定性阶段。个体在分析问题时已有自己的立场和观点，能结合个人的实际情况具体问题具体分析，认识到两个相反的观点都可能是正确的，因为每个观点的出发点不同。

青年创造性思维获得重要发展。创造力是每个健康人具有的一种普遍的能力，是人认识客观事物并用积累的知识解决问题的比较稳定的能力，是一种具有多维结构的综合性智力。人的创造力是表现在多方面、多层次的创造性活动中的。创造力是随着年龄的增长及心理、生理的发展在不断发展的。青年期的思维敏捷，预见性、辩证性、适应性强，知识和社会经验也在逐步积累。尤其是以计算机网络技术为代表的信息技术的飞速发展极大地改变了人们获取、加工、利用信息的方式，青年的创造力表现得更早。如今人们在网络上只需轻轻点击鼠标，大量的信息就会自动呈现在眼前，知识更新的速度不断加快，而青年人获取、接受信息和掌握知识的能力，远远胜过上一代人。“2006 杰出青年科学家”评选出的 10 位西方科学家的平均年龄是 34 岁。25 岁到 45 岁是创造发明的最佳年龄，特别是 35 岁以前是最宝贵的时间。在一些发达国家，20 岁到 30 多岁的青年人创办高新技术公司的越来越多，像著名的微软公司和雅虎公司等就是很好的例子。

美国斯腾伯格（Sternberg）等心理学家强调不要单纯将智力看成存在于个体身上的心理特征，而应看成是个体在选择、适应或改变其所处的生活情境中表现出的心理活动或行为。青年社会智力的发展表现在：成人期认知加工的主要内容是社会信息，根据自己和别人的行为、社会交往、社会规则和集体组织间的关系等社会信息而开展认知加工活动。因此，社会认知（social cognition）与伦理认知（ethics cognition）是成人智力发展的重要特点。这决定了成人期认知加工方式不再以抽象的逻辑思维为主，而是从抽象上升到具体。在解决实际问题时，不仅考虑问题的逻辑结构，而且考虑问题的背景。青年期的基本认知能力主要包括知觉、记忆、想象和思维等活动，它是个体日常认知能力的基础和核心。北京师范大学教授及中国心理学会常务理事申继亮等的横向比较研究表明，成人的各项基本认知能力随年龄增长呈不断下降趋势，但下降的显著程度在不同项目或年龄组有不同表现。纵向分析显示，经过三年时间，成人各项基本认知能力提高或保持稳定的人数占有相当大的比例，除词汇理解外，能力降低的人数所占的百分比从60岁或70岁开始大幅度增加（满玲玲、宋广文，2010）。

三、青年期的情绪特征

青年期是一个充满矛盾的时期。思维上的独立性与固执性时时交叉，心理上的交往欲与自闭性常常抗衡，求知欲与识别力不成正比，感情与理智每每冲突，理想与现实往往不相一致。

青年期的情绪情感发展具有以下特点：①情感的丰富性。青年人随着生活、学习、劳动的范围逐步扩大，随着自我意识的觉醒，不仅发展了多样性的自我情感，而且两性的情感与社会性情感日益丰富。青年人已能够品味陶醉、思恋、恬静、崇高、神圣、孤独、悲哀、鄙视等复杂、细腻的情感。②情感倾向的定型。在青年人的自我意识发展、世界观的基本形成过程中，情感倾向的定型起着重要的作用。青年人的爱与恨是受到其道德原则制约的。个体差异在青年人身上表现为各自独特的个性，具有相当程度的稳定性。如果没有重大的、突发性事件的发生，青年时期形成的一些基本品质与个性在很长时间内不会发生重大变化乃至保持终生。就此而言，青年期不仅是定向时期，也是定型时期，这有利于青年从准备投入社会生活向正式进入社会的转折。③情绪的强烈与外显。在这个时期，青年人既可因小事而振奋、高兴，也可为小事而泄气、消沉。青年的情绪在时间的延续上比儿童与少年明显拉长，青年的迁怒与移情等往往导致心境的不良。青年人在心境欢乐时对同伴开玩笑的反应与心境处于焦虑不安时的反应大不相同。青年人如长期心境恶劣、抑郁不欢、厌烦消沉，往往标志着在爱情等事件中遭遇某种挫折或不幸。④情感的过渡性。随着认知水平的提高以及自我意识的确立，青年已具有一定的自我控制能力，情感趋于稳定。由于受自我意识觉醒发展的制约，当现实的我与理想的我不一致，个人的需要与现实的满足出现矛盾时，青年人的情感会产生波动，因此情感呈现出从波动趋向稳定的过渡性。⑤爱情是青年期最为特别的情感体验。性的成熟和亲密感的需要，以及性别角色的发展，使青年人面临着人生中重要的情感课题：爱情、学习和处理爱情的问题、增长自己的爱的能力，这是青年期重要的发展任务。

四、青年的个性与社会性发展

（一）人格逐渐成熟

青年人的能力发展包括一般能力的发展和特殊能力的发展两个方面。一般能力由感知、观察、记忆、想象、语言和思维操作技能组成，主要表现为认识能力和实际操作能力。特殊能力包括职业能力、处理人际关系的能力、管理能力和适应能力。成熟的人格有利于青年在各种各样的社会环境中生存。同学间、同事间、夫妻间、朋友间，与上司、与远亲、与近邻、与路人，每个场合所应该采取的应对方式都不同，除了要充分洞察现实环境，没有成熟人格，是很难适应这些复杂多歧、瞬息万变的环境的。G·W·奥尔波特（1897～1967）运用现象学中的观察法研究人格的成熟度，并在他的《人格开态与成长》中，提出了成熟人格的六要素，作为“人格成熟的基准”。①自我意识（自我感觉）的扩大。人在婴儿时期只知道爱自己，不久自我意识扩大到母亲、朋友身上。成人以后不管是谁，对于自己的衣服、金钱、所有物，都有“这是我的东西”的意识。青年的自我意识不仅局限于这些低的层面，而且扩展到职业、家庭，甚至所属的集团、地域社会、国家的话，便可视为成熟人格的表征之一。②和他人的密切联系。由于自我意识的扩大，对于周围的人也能建立亲密感及认同感。不会随便在背后说人坏话、挑人毛病、发牢骚、嫉妒、讽刺等，尊重对方、宽容对方、不排斥对方，即使是男女之爱，除了被爱，也渴望爱人，而且能接受伴侣目前的状况，懂得包容对方的缺点。③情绪的安定（自我包容）。把自己的愤怒、恐惧、激情、性的冲动都当做是一种“自我情绪”来处理。不盲目地压抑，也不钻牛角尖，没有罹患恐惧症及强迫神经症的症状，尽量以不和周围环境起冲突的方式来处理事情。当碰到挫折和欲求不满时，也具有相当大的耐力，不会乱发脾气、牢骚，也不会随便责怪他人、自怜自艾。时时反省自己、等待时机，寻求解决问题的方法，避免情绪不良或情绪不安。当然，一个具有成熟人格的人，并不是就能随时保持冷静、沉着。既然是人类，就免不了有喜、怒、哀、乐等心情的转换，有时也会莫名其妙地忧郁，但他绝不会被这些情绪影响甚至做出冲动的行为，有损别人的利益。保持情绪的安定，是由“均衡感”以及能自我控制所造就的。即使遭遇危险，也不会慌慌张张、不安畏怯，对别人的情绪表现也不会感到有威胁感。④具有对现实的知觉技能。能够正确地认知现实，而且具备解决问题的技能。虽然有高度智慧的人，不一定都是具有成熟人格的人，但是智慧却是成熟人格所不能欠缺的部分。对自己的职业欠缺技能（对家庭主妇而言，对应的技能就是家事），即使在其他方面合格，也不能说是成熟的人格。另外，投入自己工作的能力也和正确的认知、技能一样重要。⑤自视客观——洞察和幽默。以自我为对象，客观地洞察，也就是说能够真正地洞察自己、了解自己。很多人认为自己很了解自己，其实真正能称得上了解自己的人并不多。除了洞察自己，还要有幽默的感觉。真正的幽默是保持某种距离凝视自己、认知理想的自己和实际上自己的对照并感到的“滑稽”。幽默和粗野的嘲笑、无意义的笑料、攻击性的调侃等不同。⑥统一的人生哲学。把自己的人生当做有意义的事物，具有统一人生各种活动的人生哲学。这里所说的哲学并不是指专门性的学说，而是个人的生活信条、生活目标的意思。即对把什么当做人生最高的价值，应该以哪种方式生活都制定了方针。也就是说，具有自己独特的人生观。奥尔波特还认为宗教情操及良心是成熟人格的最基本条件。

（二）性格基本定型

所谓性格特征分析，在这里是指为分析人的性格特征提供一个可供参照的框架。性格结构的特征一般可以分解为四个方面，每个方面又可再分为若干细目。据此，我们可以对他人或自己的性格特征进行比较具体的分析。同时，也可据此对性格进行相对性的培养。

（1）性格的态度特征。人对现实的态度所表现出来的性格特征是性格结构中最重要的特征，具体分析如下：表现在对社会、集体、他人的态度中的性格特征，主要有爱国家、爱集体、守纪律、诚实正直、助人为乐等；与此相反的是对集体漠不关心，自由散漫、冷酷无情、虚伪、狡猾、自私自利等特征。表现在对劳动、工作、学习的态度中的性格特征，主要有勤劳、积极、认真、细致、有创造精神等；与此相反的是懒惰、消极、马虎、粗心、因循守旧等特征。表现在对自己的态度中的性格特征，主要有谦逊、自信、自尊自重等；与此相反的是骄傲、自卑、自暴自弃等特征。

（2）性格的认识或理智特征。这是指人们表现在感知、记忆、想象和思维等认识过程中的性格特征，可分为以下四个方面：①感知方面的性格特征。有主动感知和被动感知、精细感知和概括感知、快速感知和缓慢感知。②记忆方面的性格特征。有随意编码和不随意编码、主动记忆和被动记忆等。③想象方面的性格特征。有主动想象和被动想象、想象广阔和想象狭窄等。④思维方面的性格特征。有分析型和综合型、常规型和创造型、深刻型和肤浅型。

（3）性格的情绪特征。这是指人在对情绪的控制中经常表现出来的特征，可分为以下三个方面：①在情绪强度方面，表现为情绪对人的行为、活动的感知和支配程度以及情绪受意志控制的程度。如有的人情绪表现强烈，难以控制；有的人情绪冷静，容易控制。②在情绪稳定性方面，表现为情绪起伏波动的程度和持续时间的长短。如有的人情绪持续时间很久，有的人则稍纵即逝。③在主导心境方面，表现为主导心境是什么及其稳定程度。如有的人经常处于欢乐愉快的情绪中，有的人则经常处于抑郁消沉的情绪中。

（4）性格的意志特征。这是指人们对自己行为的自觉调节方式和调节水平方面的性格特征，具体分为：①对行为目标的明确程度。主要有目的性、自主性或与之相反的盲目性、易受暗示性等特征。②对行为的自觉控制水平。主要有主动、自制或与之相反的被动、任性等特征。③在紧急状态或困难情境中的表现。主要有镇定、果断、顽强或与之相反的惊慌、优柔寡断、怯懦、软弱等特征。④在贯彻执行决定方面的表现。主要有严肃认真、坚韧不拔或与之相反的马虎草率、半途而废等特征。

（三）道德观的发展

在计划经济体制向市场经济体制转轨的过程中，个人利益的实现方式发生了很大的变化。这种变化对传统的道德观念产生了很大的冲击，受此影响，青年人的道德观念也发生了很大的转变。

1. 道德认识和道德行为存在矛盾

科学技术的迅猛发展、思想的解放、中西方文化的交流与碰撞，开阔了青年人的视野，也迅速提高了青年人的道德认知水平。他们在道德认识上是非分明，崇尚爱国主义和集体主义原则，崇尚奉献精神以及优良的中华美德，能对个人和社会的道德失范现象和行为进行鞭笞，但是对于自己在道德行为上的失范却往往缺乏自律，或者放任自流。在学习生活上表现为缺乏人与人之间的协作精神，“凡事以自我为中心”，缺乏团队意识。在对社会和他人方面，则表现为缺乏奉献精神。青年道德行为滞后于积极向上的道德认识，在行动上缺乏具体的体现，道德行为和道德认识存在断裂与脱节现象。

2. 道德评判标准多元化

市场经济条件下人们不再以一个尺度、一个模式来衡量一件事、一个人的道德观念和道德行为，出现了相对化、多元化的道德评判标准。随着认知水平的提高，这种多元化的道德评判标准，解放了青年人的思想，拓宽了道德评价的尺度和方式，使青年人面对纷繁复杂的诸多事物能够做出自己的道德判断和选择。但市场经济带来的竞争观念，再加上各种传统的道德观、市场经济的道德观、民族的道德观、外来的各种道德观多元并立的影响，这种多元化的选择会导致青年人产生选择的困惑，也往往出现了道德评价是非混乱问题。

3. 道德信念缺失

全球化浪潮使社会经济、政治生活各方面都发生了深刻的变化，这种变化对当前青年人的思想产生诸多或积极或消极的影响。消极的影响表现为：在思想上，人生观、价值观、世界观出现迷茫，甚至对人生信仰、道德观产生怀疑或者歪曲，从而在人生态度以及为人处事上变得消极和落后。一些青年竟然反对任何道德约束，主张随心所欲，放任自由，对待社会所提倡的道德理想和道德规范表现冷淡，在道德信念、道德义务方面表现出“无动于衷”，认为学习无用。这些表现概括起来就是一部分青年对“常德”的无知、对“美德”的麻木、对“失德”的无视。主要表现在理想信念淡化，集体观念淡薄，艰苦奋斗精神较差，常夸夸其谈、敷衍塞责、见异思迁、挑肥拣瘦等，从整体上呈现出“道德信念滑坡”的趋势。

（四）青年人的自我意识

自我意识是作为主体的我对于自己以及自己与周围事物的关系，尤其是人我关系的认识。自我意识是人的意识的重要方面。自我意识的水平是个性发展水平的标志，也是推动个性发展的重要因素。成熟的自我意识至少有下列三方面特征：①能感受到自己的身体特征和生理发展状况；②能意识并体验到自己的内在心理活动；③能认识到自己在集体乃至社会中的作用和所处的地位。

青年期自我意识发展的过程主要是自我概念、自我评价、自我理想的整合和统一的过程。从青春发育期开始到青年后期，大约十来年的时间，是自我意识、心理自我迅速发展并走向成熟的时期。

青年期的认同（或者说是同一化），是青年期自我意识最重要的发展特点。青年由其所引导和别人相同地去思考、去感受、去行为，就好像别人的特征也和自己一样。简明地说，认同就是使自己与一个榜样相一致（至少在某一方面），把榜样的特征据为自己的特征，从而使自己与榜样看上去一样，也可以说是把自己与榜样（在观念上）统一起来的过程。

Marcia 根据青年人的认同发展与生涯发展，把青年分为以下四种：①认同成功者（identify achiever）。这种青年经历了危机且做了一种职业或意识信念上的选择，而后投入实践。在面临抉择时他很认真地考虑来自各方面的意见，包括父母或其他成人的意见。最后他所做的决定，可能与父母的意见相合或相背，但都是经过他自己考虑而决定的。在宗教和政治理念的选择上，认同成功者，重估他过去所接受的影响与目前所面对的问题，统整出一个他行为的依据。这种人面对新环境和面临落到身上的责任时，他不会显得惊慌失措，因为他已经有了自己的方向。②尚在寻求者（moratorium）（延宕型）。这种青年在危机中但尚未投入实践，因为他还在抉择的过程中，希望能在父母的期许、社会的要求、个人的能力的统一过程中找出一个方向。他有时显得彷徨，因为对他来说有吸引力的职业或是意识信念，要如何与父母、社会及个人之间取得平衡，他无法决定。③提早成熟者（foreclosure）（早闭型）。这种青年没有经历危机但有投入，他以别人对他的期望，作为他投入的方向。例如父母安排他接管家里的事业，他就接手，未曾考虑是否合乎他的能力，是否配合社会的需求。在宗教和政治信念上，他也接受父母的信仰与政治偏好。这种人在性格上较严谨。因为他接受权威也依赖权威，对于权威，他不敢置疑。因此，他虽投入，一旦碰到与他父母信念不同的情境，他就会觉得备受威胁，不知如何去面对。因为他从来没有面对抉择思考过，他一直在接受别人帮他安排好的抉择。④认同失败者（identify diffusion）（混淆型）。这种青年有可能经历了危机，也可能没有经历危机，但无论如何他都没有投入实践。与尚在寻求者不一样的地方是，他对抉择没有兴趣，他似乎对职业选择漠不关心，对价值信念有无形成更是不在乎，即使面对危机，他也可能会放弃抉择的机会或是选择目前对他来说有利的，但他不会为所做的选择投入。一旦有另一件事情吸引他，如多一天的休假福利，他就换工作。这种青年人似乎常常在尝试新东西，因为他受不了每天固定或重复的工作。

（五）青年期的社会交往

1. 沙利文的人际关系理论

沙利文的人际关系理论主张，青春期，从性欲发生到性行为形成。青年人感受到了性欲的体验，开始与异性交往。由于性机能的成熟，性欲成为生活的主要矛盾，但社会性道德和种种禁忌使个人在性活动中感到自尊的破坏，导致幻想和白日梦。这一时期的性活动虽然强烈，但却不成熟。青年后期，从生殖活动到完全成熟的丰富的人际关系。这一时期的生活主要矛盾集中在社会责任方面，工作、挣钱、事业等成为个人感兴趣的问题。复杂的人际关系逐渐成熟，综合经验有所增加，自我系统更加稳定。由于教育和工作经验，人们对自己和他人的行为有了进一步认识，各方面的知识大大增加而趋于成熟，经验的积累会在以后的成熟人格中显露，成熟的人格基本上反映了亲近的需要和与他人的合作。

青年期的社会性发展更为成熟。青年人人生观的稳定和成熟主要表现在价值观、道德观和社会观的发展和成熟上。由于社会角色的变化，青年人的社会情感有了明显的发展，其重要的表现形式就是友谊和爱情的发展。在青年后期的友谊中，其情绪冲动性下降，社会交往双方更为冷静地联系在一起。虽然仍强调信任感，但更注重对方的人格与才能，能相互容忍甚至能赏识相互之间的差异。开始发展具有新的含义的异性关系，发展异性之间的感情。总体来看，青年期友谊的发展在不同侧面经历着不同的模式。友谊的热度，也即友谊的情绪冲动性由最初逐渐增长，渐渐达到顶点，最后又慢慢下降；友谊的广度，交友的范围，由最初的较大（即与较多的同伴保持关系）到后来渐渐地缩小（即只与相对较少的人保持密切往来）；友谊的探索由最初的较浅、较一般化发展为后来相当深厚的程度。青年后期爱情的发展存在稳定性、深刻性。

Hazan 和 Shaver（1987）将成人的爱情关系视为一种依附的过程，即伴侣间建立爱情连接的过程，并提出爱情关系的三种依附风格。①安全依附（secure style）：与伴侣的关系良好、稳定，能彼此信任、互相支持。②回避依附（avoided style）：不负责任、冷漠、害怕且逃避与伴侣的交往，难以建立亲密和信任关系。③焦虑/矛盾依附（anxious/ambivalent style）：时常具有情绪不稳、极端反应的现象，善于忌妒且希望跟伴侣的关系是互惠的。三种不同爱情依附风格在成人中所占比例为安全依附约占56%，回避依附约占25%，而焦虑/矛盾依附约占19%，这与婴儿依附类型的调查比例相当接近，而且成人受试者的爱情依附风格可以从他们与父母关系的主观知觉来加以预测。因此，Hazan 和 Shaver 认为成人的爱情依附风格，可能是从婴幼儿时期就开始发展的一种人际关系取向，即依恋类型。Bartholomew 和 Horowitz（1991）以上述爱情依附风格理论的概念为基础，发展出四种类型爱情依附风格理论，他们从“正向或负向的自我意像”和“正向或负向的他人意像”两个不同的向度来分析，得到四种类型的爱情依附风格：①安全依附，由正向的自我意像和正向的他人意像互动而成。②焦虑依附，由负向的自我意像和正向的他人意像互动而成。③排除依附，由正向的自我意像和负向的他人意像互动而成。④逃避依附，由负向的自我意像和负向的他人意像互动而成。

2. 面临亲密对孤独的发展危机

在18～25岁时期，青年面临亲密对孤独的危机，如果个体不能与他人建立亲密的个人关系，他们就会感到孤独。当解决了亲密与竞争、疏远之间的冲突时，他们才能形成一种价值感，这是成年的标志。25岁以后，有的青年人应对繁殖感对停滞感的危机，获得繁殖感或创生感，避免停滞感。如果克服这一时期的危机，他们就能积极地参与社会竞争，为社会做贡献，力争成为最完善的父母、忠实的朋友、合格的社会公民和值得信赖的合作者，形成“关心”的品质；否则，会感到精力枯竭，生活无趣，过分关注自己。随着生殖科学技术的发展，青年因不育产生的停滞感已越来越少。

3. 异性交往

异性交往在青年期的发展过程中经历了以下几个阶段：①异性疏远阶段。这一阶段对应于青春期。处于这个时期的青年人，伴随着生理上性的成熟，其心理上的性意识开始觉醒，对性的问题极为敏感，在与异性接触的过程中充满了羞涩与腼腆。②广泛交往阶段。这一阶段对应于青年中期。处于这一时期的男女青年由于自我意识与性意识的进一步发展，冲破了羞涩与腼腆的情绪困扰，在探求异性世界奥秘的急切心理需求和社会交往的客观需要的支配下，开始与异性广泛交朋友，并从这些交往中汲取到许多在同性横向交往中所得不到的营养。所以，青年在人际交往过程中应该不但重横，而且要重纵，横纵并举、立体交际，才会获得真正的全面丰收。青年的异性交往存在两个问题：一是交往度的考虑。任何事情都要有个度（量）的限制。“适则有得，过犹不及”，社会交往也是如此。把所有的闲暇时间都用到社交场合，而不安排一定的时间去学习、研究、充实自己，每天只是忙不迭地去赴约会、赶舞会、参加聚会，表面上像生活得很充实，实际上是在一味地消耗自己，久而久之吃光老本，自身的吸引力就会减少。因为别人在你这里再也得不到新的有价值的信息了，这时你在社交场合所扮演的角色充其量不过是一个“泡将”而已。因此，必须适当地掌握社会交往的度，换言之，就是要合理地安排闲暇时间中的社会交往时间与其他时间的比例，以使你在任何社交场合中总是能有新的能量输出。这样，也只有这样才会保证社会交往的成功率。二是交往理智的问题。青年人较多情感，较少理智，在社会交往中体现得尤为明显。有人说：“青年人的感情犹如汪洋大海，理智则如一叶扁舟”，虽然是一种夸张的形容，但也不无道理。青年人在社会交往过程中，确较容易感情用事，特别是在小群体中的交往，讲的往往是“哥们义气”，而不是社会赞许的规则。这种缺少理智的交往心理有利于男女青年广泛交往，集体活动是最好搞的，也是最受青年们欢迎的。因此，这时用各种集体活动的形式来对青年人进行教育是比较有利的。③选择性交往阶段。这一阶段对应于青年后期。这一时期的青年人在年龄上已进入婚龄时期，男女青年都开始考虑起“终身大事”，于是广泛的交往渐变为选择性交往，开始在自己的异性交往圈子中以择偶为目标进行有选择性的交往。④婚后交往阶段。青年男女在其经过恋爱、结婚组成了家庭之后，在异性交往中除了学习、工作等方面的正常交往，与亲密朋友的那种友谊型交往，一般都大幅度减少了，比较巩固的友谊也不如原来那样来往密切了。这是因为一方面承担家庭的重担之后，青年们的闲暇时间和精力都相对地紧张起来；另一方面是受到了中国传统的伦理道德观念和社会舆论的制约，成家立业成为青年的主要发展目标。为此，这一阶段异性间的交往是平淡的、稳定的、实际的，很少出现大的波折。

4. 青年家庭生活中的人际交往

从家庭中的人际关系来看，青年人与父母在年龄、能力、情绪、社会经济地位等各方面均有较大差异，从而形成了种种对比。这种种对比对青年人来说有其不情愿接受的一面。因为在这种种对比中，青年人总是处在弱的、小的、低的或差的一面。青年人总希望能减小这种对比，消除这种明显的反差。而同伴关系恰恰是能使青年人达到这一目的的有效手段或途径。在同伴中，彼此有着很大的共同性，有同样的不足、同样的缺欠，也有同样的长处、兴趣和志向。因此，在同伴团体中，青年人体验到平等，不再为反差担忧，从而体验到一种安定感。这样，不论青年人本身能力究竟高低如何，青年人总能在同伴之间消除其能力上的强烈对比，接受自己的存在和能力，获得在家庭、在学校以及在其他种种社会范围中所得不到的稳定感、安全感，减弱与他人特别是在与父母的对比中形成的反差而导致的无能感、自卑心或羞愧感。

青年期异性之间开始产生真正的爱情，进入恋爱状态。青年时期强调恋爱双方感情的融洽性和志趣的相似性，择偶标准更为注重对方的品德、人格。青年人开始结婚、组建家庭，过法定的婚姻生活。一般情况下，婚姻是个人幸福的重要源泉。根据婚姻生活质量水平不同，把婚姻生活质量分成三级，分级如下：①优质婚姻。具体内容和表现特征为，夫妻关系充满活力，能够经受挫折和风雨，夫妻之间感情和谐稳固，永葆真爱，激情依旧，珍惜欣赏婚姻生活里的点点滴滴，丈夫或妻子在婚姻的付出后感受到的是美好体验。②婚姻亚健康状态。具体内容和表现特征为，能维持婚姻生活，感受到婚姻的酸甜苦辣，感觉婚姻生活不适或不是自己想要的，夫妻关系不自如，婚姻生活缺乏活力和婚姻生活麻木。③劣质婚姻。具体内容和表现特征为，婚姻危机、婚外情、婚姻暴力（热暴力和冷暴力），婚姻生活中的夫妻双方或一方痛苦麻木，在婚姻边缘徘徊，夫妻之间陌生、冷漠，冲突、伤害具有持续性或经常性特点。

青年毕业或离开学校后，延缓偿付期结束。他们开始履行各种社会责任和义务，承担工作责任，结婚和建立家庭等，实践各种社会角色。他们在婚后生活中，适应新的人际关系，适应新的家庭生活，包括家庭经济安排、生儿育女等。为人父母是青年的一种新体验。

5. 青年社会生活中的人际交往

青年期社会交往的发展特征表现为驼峰曲线、重横轻纵的交往倾向，小群体交往日益上升到重要的地位。首先，青年中期与青春期以及青年后期相比，社会交往处于高峰期，呈驼峰曲线。从青春期到青年期结束，个体的人际交往处于不断变化之中，如果我们循着这个变化的轨迹描绘出一条曲线，就会发现在青年中期的两端会各出现一次交往的高峰期，其形状颇像骆驼的两个峰，所以我们把它称为驼峰曲线。驼峰曲线的形成是由于青年期中青年社会交往的范围、人数和频率的变化造成的。青少年一般在中学读书，一天中除了睡觉，绝大部分活动是在学校进行的，交往的对象一般是自己的老师和同学，而且主要是同班同学，并且男女青年之间的交往频率比较低。到了青年中期开始的时候，青年人或者升学，或者就业。这时客观环境变了，交往的对象变了，在心理上渴望与他人进行密切交流的需要和能力也都大大增强了，男女青年的交际也变得活跃起来。在交往对象上，他们除了与中学的老师和同学仍然保持着直接的或者间接的交往，又结识了许多新的同学和同事，交往的范围随之扩大，交往的频率也随之大大提高，于是出现了第一个峰值。第一个峰值出现之后，很快又出现了下降的趋势，这是由于青年人中学毕业一两年之后彼此间保持的间接交往大部分中断了的缘故。处于青年中期的另一个峰值是专门对那些中学毕业后继续升学的青年人而言的，这时他们大都已经学习届满，走向社会了，由于与第一个峰值出现大致相同的原因出现了第二个峰值。当进入青年后期之后青年人的心理已经开始向成人化发展，人生观大致形成，生活态度也渐趋明朗，人际交往也产生了较大的变化，选择性大大加强了，交往的异性基本上作为结婚的对象加以选择，从而缩小了交往范围，于是第二个峰值又开始下降。驼峰曲线说明了青年人的人际交往是随着青年人的生理、心理的发展以及求学、就业、择偶等情境的变化而变化的，人的一生中交往的高峰是青年期。

（1）青年社会交往注重相互认同、理解。

如果注意观察，你就会发现，青年人的交往对象绝大部分都是青年人，而与其他年龄段的人交往很少，尤其是处于青春期和青年中期的人，他们在成年人、老年人中的交往对象，除了亲属、老师、师傅等与其在客观上有密切关系的人，便很难再见到别的交往对象了。同辈团体正式成为最重要的社会化机构，在现代社会中，人们主要以同代之人作为导引和定向。

（2）重横轻纵的交往倾向，小群体交往日益上升到重要的地位。

无论是青年人还是成年人，其一对一的个别交往是没有什么显著差别的，如上门拜访、闲时聊天、结伴出游、共同工作等，但在群体交往方面，成年人就大大逊色了。我们大概都不会忽略这样的事实，即社会上小群体，无论是各种业余读书小组、兴趣小组，还是各种沙龙聚会、小型舞会等，其绝大部分都是青年人的社交场所。这里有朋友、同学、同事，还有不相识的人，青年人在这样的小群体交际中，自觉不自觉地充当着某种角色，各得其所。

（3）交往方式正在由封闭型向开放型转变。

由于中国数千年小生产经济的影响，以及中华民族羞涩内向的传统习惯，过去青年人的交往方式一般说来是封闭型的，社会传统的性格圈子往往局限在亲朋好友、同学之间。陌生人之间是很难交往的，狭窄的社交圈子极大地限制了青年人生活方式的多样化。但近年来，由于改革开放对许多传统观念的冲击，青年人的交往方式也发生了很大的变化。越来越多的青年人转向开放型的交往，陌生人之间可以在几天之间，甚至是几小时内便能建立起友谊、开放型的交往方式，打破了过去狭窄的社交圈子，个人通信录上的名字，也由原来的寥寥无几变得密密麻麻了。社交范围扩大，无疑会开扩青年人的视野，增加对社会的认识和了解，从而促进自身的社会成熟。

人际交往的压力由于独立意识的增强，青少年与社会的交往越来越广泛，他们渴望进行社会交往、有自己亲密的伙伴。但由于自身的原因，如自卑、过分注意他人评价、容易受到伤害、虚荣心强、怕丢面子等，他们感到压抑孤独，没有亲密的朋友，出现人际交往障碍。因此，家长、教师或心理工作者应帮助青少年改变一些不恰当的认知和态度，引导青少年客观分析自己的现状，学会接纳自己，允许自己有缺点、有失败、有可能丢面子，完美的人不存在，不要过分苛求自己，也不要对外界寄托过多过高的期望，在行动和实践中增强信心培养技巧。青少年自我中心主义可分成两种社会思维：

想象的观众和个人的神话。想象的观众是指青少年强化自我意识，在此种意识下，青少年总是认为他人对自己的兴趣，就像自己对自己的兴趣一样。个人的神话是指青少年的独特感。

6. 青年的需要、动机与世界观

青年人形成了对人生和世界稳定的态度，也开始形成比较稳定的价值取向，有更为强烈的自我责任感、家庭责任感、事业责任感和社会责任感。

青年期人生观、价值观逐渐形成并稳定和巩固下来。他们更关注生活的意义、人生的价值，对人生态度、生活方式进行了深入的思考和探索。青年期个体在积极探索的基础上逐渐确立明确的价值观。在价值多元化的时代背景下，价值观的选择和确立成为一个十分突出的时代问题。

第三章　青年发展的基本理论

第一节　青年认知能力的发展

当前关于青年认知能力发展的研究一般分为客体认知和社会认知两个领域。这两个领域之间互为引证、互为补充、相辅相成，是从不同方面探讨青年认知能力的发展问题。

一、客体认知能力的发展

（一）皮亚杰的认识发生论

皮亚杰认为，成人与儿童之间、儿童与儿童之间的相互作用及其他社会因素对儿童的智力发生、发展有重要影响。儿童一步一步地建构认知图式，他们的智力发展是他们在和外界相互作用时动作和行为的内化结果。认知发展得以发生的主要机制被称为平衡（equilibration），指的是认知结构与环境需要之间达到的平衡。当儿童与世界发生相互作用时，他们遇到的情境与自己对世界的预想或者关于世界的观念不相匹配，皮亚杰称之为不平衡状态（disequilibrium）。个体往往通过同化和顺应两个过程来获得平衡。同化（assimilation）是指个体将一个新事物纳入到已有的认知图式之中的过程。这时认知图式没有改变。而当个体无法将新信息同化到已有的认知图式中时，就会改变已有的认知图式或创建一个新的认知图式来组织这些信息。这就是顺应（accommodating）过程。组织是指个体在处理其周围事物时，能综合运用其身体与心智的各种功能，从而达到目的的一种身心活动历程。例如，婴儿具有听觉、视觉、触觉及抓取等能力。

皮亚杰提出了认知发展的阶段理论。

（1）感知运动阶段（sensorimotor stage）：从出生到2岁，主要表现为感觉（简单输入）和运动（简单输出）机能的发展。这个阶段的两个主要成就是客体永存和表象思维。前者指意识到当物体不在眼前时它仍然是存在的，后者指对外界刺激形成了良好的心理表征和观念。该阶段主要有三个特点：儿童通过感知与外界发生相互作用；智力进步的体现，即反射行为—信号功能；建立物体永恒的概念。

（2）前运算阶段（preoperational stage）：从 2 岁到 7 岁，这个阶段儿童开始通过词语进行交流，词语成为具体事物的符号表征。交流通常以自我为中心（egocentric）。直觉思维特征有：现象论，缺乏守恒，泛灵论，朴素实在论。该阶段的主要特点有：思维的象征性，表象性符号、感知的局限性，直觉性思维，以自我为中心，泛灵论，延迟模仿能力，梦是外部事物。其中，在概念形成前期（pre - conceptional stage，2 ~4 岁），能够应用思维形成概念及形象，但无法表达物体或人物间的逻辑关系。在直觉思维阶段（intuitive thought stage，4 ~7 岁），逐渐形成有关时间、地点及人物的概念，能分别自上而下或自下而上的次序，能了解事物的因果关系，开始做数序、加减等简单的数理逻辑运算。

（3）具体运算阶段（concrete operational stage）：从 7 岁到 12 岁，儿童开始能够对大小、容积、数量和重量进行初步的逻辑推理。他们对具体事件能运用概念系统；日益能够运用守恒原则。以前只能用手操作的东西现在已能够在心中进行运算。该阶段的主要特点有：具有心理操作的能力，思维符号的逻辑性开始，思考方式具有组织性及稳定性，思维仍然具有零散性及孤立性，不能将逻辑思维结合成各种可能的变换形式，缺乏抽象性，在面对某些数学、物理及社会等问题时仍需具体事物的帮助。

（4）形式运算阶段（formal operational stage）：自 12 岁以后的时期。在这个阶段，儿童能认识到二级关系，或者说关系之间的关系，因此就能进行假设演绎推理，能归纳出规律和一般原则，并能在可能的各种分类情境中应用它们；开始发展一种重要的能力，即抽象思维能力，能思考像公正、内部空间这类没有任何具体物质的东西相对应的概念。该阶段的主要特点有：抽象及逻辑思维形式、思维能力开始接近成人的水平，从具体思维转向抽象思维，具有综合性的思维能力、逻辑推理能力及决策能力，开始思考如社会存在、公正、真理及道德等抽象问题，迷恋科学幻想。

（二）信息加工理论的观点

信息加工理论主要研究人们如何注意和选择信息，对信息的认识和存储，利用信息制定决策、指导外部行为等，主要涉及感知觉过程、注意过程、记忆过程以及思维过程。信息加工理论的主要代表有施福尔林（Shiffrin R M）和阿特金森（Atkinson R C）、纽韦尔（Newell A）和西蒙（Simon H A）等。

从 19 世纪 70 年代开始，信息加工理论渗透到发展心理学研究中。信息加工的发展心理学主张，个体心理的发展是保持外界环境输入的信息，并在适当的时候转化和综合运用这些信息的过程。通过研究个体在某个年龄段达到某一特定水平而没有达到更高水平的心理机制来揭示心理发展的机制。信息加工认知发展主张，认知发展就是如何调整自己改变行为方式，适应未来生活，并取得一定的成果的表现。其中，卡斯（Case R）和西格勒（Sigler R S）的信息加工认知发展观影响较大。

卡斯将皮亚杰的发展阶段学说与信息加工理论结合起来，根据个体使用运算的不同类型所表现出来的智力的表征，提出个体发展的四个阶段及个体的变化发展的机制是自动化和髓鞘化。他认为个体表征的形成影响了个体短时记忆的保存量和中心概念结构的形成。个体发展经历以下阶段。第一阶段，感知运动运算阶段（sensorimotor operation stage）。该阶段的特点与皮亚杰的感知运动阶段的特点相同。第二阶段，表征运算阶段（representational operation stage）。个体的表征包括持久、具体、内部的想象，其行动能够促进更多的内部表征。第三阶段，逻辑运算阶段（logical operation stage）。个体在此阶段能够再现抽象的刺激，其行动依赖这些表征的转换。第四阶段，形式运算阶段（formal operation stage）。个体也呈现抽象的刺激，但他们能操作更复杂的信息的转换。

西格勒将认知发展与进化论结合起来探讨个体认知发展，他通过策略选择和策略构造的研究，揭示了个体为适应而发生认知的变异和选择的机制。

（三）液体智力与晶体智力

美国心理学家卡特尔和霍恩于20世纪70年代提出了液体智力和晶体智力说。他们认为人类的智力有两种不同的形态。一种为液体智力，是以生理为基础的认知能力，是对事物辨识、记忆、理解的能力，其发展与年龄有密切关系，一般人在20岁以后，液体智力达到顶峰，30岁后将随年龄的增长而降低，受教育文化的影响较小。另一种为晶体智力，则是经验知识为基础的认知能力。凡是运用知识与技能去解决问题的能力均属晶体智力。其与教育文化有关，与年龄没有密切关系。晶体智力不因年龄增长而降低，甚至有些人因知识经验的积累，其晶体智力有随年龄增长而升高的趋势（张春兴，1994）。

二、社会认知能力的发展

（一）皮亚杰的道德认知发展理论

皮亚杰是第一个系统地追踪研究儿童道德认知发展的心理学家。他在

1932 年出版的《儿童的道德判断》一书是发展心理学研究儿童道德发展的里程碑。皮亚杰认为，道德是由种种规则体系构成的，道德的实质或者说成熟的道德包括两个方面的内容：一是对社会规则的理解和认识；二是儿童对人类关系中平等、互惠的关心，这是公道的基础。他认为，儿童认知发展是道德发展的必要条件，儿童的道德发展是认知发展的一部分。因此，皮亚杰着重从儿童对规则的理解和使用，对过失和说谎的认识和对公正的认识，研究儿童道德的开始和发展规律。研究发现，年幼儿童的道德判断主要是效果论的，随着年龄的增长，儿童的道德判断逐渐从效果论转向动机论。5 岁以下的儿童还不会作比较，6 岁以上的儿童才会作比较。6～7 岁的儿童一般根据主人公的行为在客观上的后果（如打碎的杯子的数量多少，说谎与真实情况的相差程度）来作出判断，即从行为的客观效果作出判断。而 10 岁以上的儿童则能注意到行为的动机和意图，从行为的主观意图上去作判断。

皮亚杰根据儿童对规则的理解和使用，对过失和说谎的认识和对公正的认识的考察和研究，把儿童道德认知发展划分为三个有序的阶段。

第一阶段：前道德阶段（出生到 3 岁）。皮亚杰认为这一年龄时期的儿童正处于前运算思维时期，他们对问题的考虑都还是自我中心的。他们不顾规则，按照自己的想象去对待规则。他们的行动易冲动，感情泛化，行为直接受行动的结果所支配，道德认知不守恒。例如，同样的行动规则，若是出自父母就愿意遵守，若是出自同伴就不遵守。他们并不真正理解规则的含义，分不清公正、义务和服从。他们的行为既不是道德的，也不是非道德的。

第二阶段：他律道德阶段或道德实在论阶段（3～7 岁）。这是比较低级的道德思维阶段，具有以下几个特点：

第一，单方面地尊重权威，有一种遵守成人标准和服从成人规则的义务感。也就是说，他律的道德感在一些情感反应和作为道德判断所特有的某些显著的结构中表现出来。其基本特征是：一是绝对遵从父母、权威者或年龄较大的人。儿童认为服从权威就是“好”，不听话就是“坏”。二是对规则本身的尊重和顺从，即把人们规定的规则，看做固定的、不可变更的。皮亚杰将这一结构称为道德实在论。

第二，从行为的物质后果来判断一种行为的好坏，而不是根据主观动机来判断。例如，认为打碎的杯子数量多的行为比打碎的杯子数量少的行为更坏，而不考虑是有意还是无意打碎杯子的。

第三，看待行为有绝对化的倾向。道德实在论的儿童在评定行为是非时，总是抱极端的态度，或者完全正确，或者完全错误，还以为别人也这样看，不能把自己置于别人的地位看问题。皮亚杰与英海尔德在谈到这个时期的儿童特点时认为，道德实在主义引向客观的责任观，导致对一种行为的评定是依据它符合法律的程度，而不是依据出于恶意的动机违反这个原则，还是动机好却无意违反了规则。例如，因为缺乏充分的社会化，在儿童能够理解不准撒谎的社会价值之前，这时，成人就告诉他们不要撒谎。结果说真话就成了儿童主观人格之外的东西，并引起了道德实在论和客观责任观，从而使儿童认为一切诺言的严重性似乎并不是看有意欺骗的程度，而是看实际上跟真实性相差的程度。

第四，赞成有理由的惩罚，并认为受惩罚的行为本身就说明是坏的，还把道德法则与自然规律相混淆，认为不端的行为会受到自然力量的惩罚。例如，对一个 7 岁的孩子说，有个小男孩到商店偷了糖后逃走了，过马路时被汽车撞倒，问孩子“汽车为什么会撞倒男孩子”，他的回答是“因为他偷了糖”。在道德实在论的儿童看来，惩罚就是一种报应，目的是使过失者遭遇跟他所犯的过失相一致，而不是把惩罚看做改变儿童行为的一种手段。

第三阶段：自律道德或道德主观主义阶段。皮亚杰认为儿童在 7 ~ 12 岁期间进入道德主观论阶段，这个阶段的道德具有以下几个特点：①儿童已认识到规则是由人们根据相互之间的协作而创造的，因而它是可以依照人们的愿望加以改变的。规则不再被当做存在于自身之外的强加的东西。②判断行为时，不只是考虑行为的后果，还考虑行为的动机。研究表明，12 岁的儿童都认为，那些由积极的动机支配但造成损失较大的儿童，比起怀有不良动机而只造成小损失的儿童要好些。由于考虑到行为的动机，因而在惩罚时能注意照顾弱者或年幼者。③与权威和同伴处于相互尊重的关系，儿童能较高地评价自己的观点和能力，并能较现实地判断他人。④能把自己置于别人的地位，判断不再绝对化，看到可能存在的几种观点。⑤提出的惩罚较温和，更为直接地针对所犯的错误，带有补偿性，而且把错误看做对过失者的一种教训。

达到自律道德阶段的儿童，在游戏时不再受年长者的约束，能与同年龄儿童平等地参加游戏，彼此明白自己的立场与对方的立场，共同制定规则，遵守规则，独立举行游戏比赛。

皮亚杰认为儿童道德发展的这些阶段的顺序是固定不变的，儿童的道德认识是从他律道德向自律道德转化的过程。他律道德阶段的儿童是根据外在的道德法则进行判断，他们只注意行动的外部结果，不考虑行为的动机，他们的是非标准取决于是否服从成人的命令或规定。这是一种受自身之外的价值标准所支配的道德判断。随着年龄的增长，儿童的道德判断已能从客观动机出发，用平等或不平等、公道或不公道等新的标准来判断是非，这是一种为儿童自身已具有的主观的价值所支配的道德判断，属于自律水平的道德。皮亚杰认为只有达到了这个水平，儿童才算有了真正的道德。

（二）霍夫曼的观点采择能力发展理论

观点采择就是区分自己与他人观点，并进而根据当前或先前的有关信息对他人的观点或视角作出准确判断的能力。主要分为空间观点采择与社会观点采择；情境观点采择与个人观点采择两大类。20 世纪 80 年代以来美国心理学家霍夫曼（Hoffman M L）对观点采择（移情）进行了广泛的研究。常宇秋、岑国桢（2000）进一步分析了霍夫曼的观点采择理论及其功能。霍夫曼指出，观点采择能力对个人价值观的发展具有重要功能，这种功能主要表现在对道德价值（观）取向、道德判断和道德行为诸方面的影响上。霍夫曼认为，观点采择能力的发展使一个人能够去注意引发他人情感状态的各种线索，注意到他人情感的发生和发展，从而使一个人能够感受到他人真实的生活状况，感受到个人状况与其情感的种种联系。这些会使个体形成强烈的心理倾向（常宇秋、岑国桢，2000）。

关于观点采择能力的发展阶段，霍夫曼构建了四阶段模式。第一阶段为普遍性移情（global empathy），约在个体出生后第一年的婴儿期。个体不能意识到别人是完全不同于自己的一个人，但通过最简单的情绪唤起方式仍能体验到他人正在遭遇的不幸，并显得就像自己也在遭遇不幸一样。例如，在研究中观察到，当看到有个孩子摔了一跤而哭泣时，一名 11 个月的女孩似乎也马上要哭出来了，接着她一面咬着自己的大拇指，一面把头往母亲怀里挤，似乎是她自己在遭受伤害和经受痛苦。第二阶段，自我中心移情（egocentric empathy），约在 2 岁。儿童能区分自我与他人，能分别形成自我的表象和他人的表象，这使普遍性移情发生变化。这时，儿童已意识到他人的存在，意识到是他人而不是自己遭到了不幸，但对他人的内部心理状态是不清楚的，并认为是与自己一样的。如在研究中观察到，当一名 1 岁半的小孩看到自己的伙伴哭泣时，会拖着自己的母亲去抚慰他，尽管伙伴的母亲也在旁边。第三阶段，对他人情感的移情（empathy for another's feeling），一般在 2～3岁。儿童开始能承担角色和使用语言了，开始能意识到别人具有与自己不同的情感、需要以及对事物的理解。这使个体能更多地对涉及他人真实情感的诸多线索作出反应，用语言表达各种日益复杂的情绪。这时，儿童在关注受害者不幸的同时会重视其因丧失自尊引起的，甚至为维护自尊不愿受助而引起的内心焦虑，最终即使受害者不在现场也会因获悉关于他的不幸信息而唤起移情性情感。第四阶段，对他人生活状况的移情（empathy for another's life condition）。个体进入童年晚期，认识到自己和他人各有自己的历史和个性，不只能从当前情境，而且能从更广阔的生活经历来看待他人所感受的愉悦和痛苦。个体对他人的当前不幸不仅会作出移情反应，而且当认识到这种不幸是长期而不是暂时的时候，这种移情反应就会变得强烈起来。这时，个体唤起的移情性情感会与他人遭不幸或被剥夺的心理表象相结合，随着各种社会观的形成和能力的发展，它还会与反映整个群体或阶层（如贫困者、受压迫者、流浪者、发展迟滞者）的困境的心理表象相结合，促使人去重视减缓不幸者的困境。这样的移情水平对人尤其是青少年而言能提供一种促进其道德和思想理念发展并形成行为倾向的动力基础。

（三）柯尔伯格的道德认知发展理论

按照皮亚杰的观点，儿童道德认识的发展主要受到儿童认知发展的水平和儿童与其他人的交往的影响。儿童道德认知的发展与儿童认知能力的发展是相对应、相平行的。在认知上处于感知运动阶段的儿童，在道德上都相应处于前道德阶段，同时前道德阶段包括了 2～3 岁的处于前运算认知阶段的儿童；在认知上处于前运算认知阶段的 2～7 岁的儿童，在道德上都处于他律道德阶段；而在认知上处于具体运算阶段的儿童，在道德上多处于自律道德阶段。所以，皮亚杰说，道德上的他律阶段与自律阶段间的差别，就相当于前运算思维阶段与具体运算思维阶段间的差别。皮亚杰的这个观点受到了有关实验的支持，有人发现守恒程度低的儿童在道德判断上也是低水平的，同时指出，道德要领和伦理价值观的教学和纯认知的教学一样，需要与儿童按照他现有的认知结构加以同化的东西相适合。

儿童的道德认知是怎样由他律性转化为自律性的呢？可以从年幼儿童为什么具有他律道德的原因分析起。研究认为年幼儿童的道德不成熟主要是由两个原因造成的：一是认识的原因，即自我中心（把别人看成和自己一样）和实在论（把主观经验同客观现实混同，如把梦境看成是现实存在的事物）；二是对权威的服从，包括自卑感、依赖性、依恋、赞赏、害怕等情感综合体，使儿童服从成人指示，将规则视为神圣不变的东西。

儿童要获得道德认识上的发展必须摆脱自我中心和实在论，理解到别人有着与自己不同的看法，从而发展自己与别人不同的自我概念。皮亚杰认为，要使儿童从自我中心和实在论中解放出来，最重要的途径是与同伴发展相互作用。因为在与同伴的交往中，儿童才会把自己的观点与别人的观点相比较，从而认识到自己的观点与别人的有区别，对别人的观点可以提出疑问或更改意见。也只有在与同伴的交往中才能认识到同样的行为也许会被别人以不同的方式所理解，导致不同的结果。同时，正是在与同伴的交往中，他们开始摆脱权威的束缚，互相尊重，共同协作，发展了公正感。皮亚杰重视同伴在发展儿童道德认识中的关键作用，但也未完全否定父母的作用，只是有一个条件，成人必须改变传统的所谓权威的地位，与儿童平等相处，只有这样，父母才能成为促进儿童道德认识发展的积极力量。

美国心理学家柯尔伯格（Kohlberg L）以皮亚杰的认知发展理论为基础，提出了道德发展的阶段理论。其主要观点为：人初生没有道德判断标准，后天养育熏陶而成。道德认知是对是非、善恶行为准则及其执行意义的认识。道德判断是人类道德的重要成分，是道德情感、意志及行为的前提。道德发展的动力是个体与社会的相互作用。道德发展是由年龄的增加而逐渐学到的是非判断标准。按照道德判断标准将人的道德发展分为六个阶段，每个阶段具有不同的道德判断标准。此外，道德发展具有不变的顺序性、结构的整体性及层次的整合性。

前习俗水平（一般在学前至小学低中年级阶段）。前习俗水平的道德推理对于儿童非常普通，有时成人也会表现出这种水平的道德推理。前习俗水平的道德推理，是根据行为的直接后果来进行推理的。前习俗水平包括道德发展的第一阶段和第二阶段，都纯粹只是关心自己，表现出利己主义倾向。第一阶段：惩罚和服从的定向。这种定向是为了逃避惩罚而服从于权威或者有权力的人，通常是父母。一个行动是否道德是依据它对身体的后果来确定的。这个阶段的儿童认为凡是权威人物赞成的就是好的，遭到他们批评的就是坏的。他们进行道德判断的理由是根据是否受到惩罚或服从权力。他们凭自己的水平作出避免惩罚和无条件服从权威的决定，而不考虑惩罚或权威背后的道德准则。第二阶段：朴素的快乐主义和工具定向。这一阶段的儿童服从于获得奖赏。尽管也有一些报偿的分享，但也是有图谋、为自己服务的，而不是真正意义上的公正、慷慨、同情和怜悯。它很像一种交易：“你让我玩四轮车，我就把自行车借给你”。这一阶段儿童首先考虑的是，准则是否符合自己的需要，有时也包括别人的需要，并初步考虑到人与人的关系，但人际关系常被看成是交易的关系。对自己有利的就好，不利的就不好。好坏以自己的利益为准。

习俗水平（一般自小学高年级开始）。习俗水平的道德判断是青春期和成人的典型状态。用习俗推理的人对行为进行道德判断时，会将这些行为与社会上的观点与期望相对照。习俗水平包括道德发展的第三、第四阶段。第三阶段：人际关系的定向阶段或好孩子道德。在这一阶段，能获得赞扬和维持与他人良好关系的行为就是好的。尽管儿童以他人的反应为基础来判断是非，但现在他们更关心他人的表扬与批评，而不是他人的身体力量。注意遵从朋友或家庭的标准来维持好名声。开始接受来自他人的社会调节，并依据个人违反规则时的意向来判断其行为的好坏。这一水平的两个阶段是：人际关系的定向阶段或好孩子定向。这个阶段的儿童认为一个人的行为正确与否，主要看他是否被别人所喜爱，是否对别人有帮助或受别人称赞。第四阶段：权威性与维持社会秩序的道德。这一阶段个体盲目地接受社会习俗和规则，并且认为只要接受了这些社会规则他们就可以免受指责。他们不再遵从其他个体的标准，而是遵从社会秩序。大多数个体都不能超越习俗道德水平。这一阶段的儿童意识到了普遍的社会秩序，强调服从法律，使社会秩序得以维持。儿童遵守不变的法则和尊重权威，并要求别人也遵守。

后习俗水平（一般自青年末期接近人格成熟时开始）。又称为原则水平，包括道德发展的第五阶段和第六阶段。个人的观点应该放在社会的观点之前。由于后习俗水平也是将自我放在他人之前（特别在第六阶段），有时会被错认为是前习俗行为。第五阶段：契约、个人权利和民主承认的法律的道德。这一阶段出现了以前阶段所没有的道德信念的可变性。道德的基础是为了维护社会秩序的一致意见。因为它是一种社会契约，当社会中的人们经过理智的讨论找到全体中更多成员利益的替代物时，它是可以修正的。在前一阶段，个人持严格维持法律与秩序的态度，刻板地遵守法律与社会秩序。而在本阶段，个人看待法律较为灵活，认识到法律、社会习俗仅是一种社会契约，是可以改变的，而不是固定不变的。一般说来，这一阶段是不违反大多数人的意愿和幸福的，但并不同意用单一的规则来衡量一个人的行为。道德判断灵活了，能从法律上、道义上较辩证地看待各种行为的是非善恶。第六阶段：个体内在良心的道德。这一阶段个体为了避免自责而不是他人的批评，既遵从社会标准，也遵从内化的理想。决策的依据是抽象的原则，如公正、同情、平等。这种道德是以尊重他人为基础的。达到这一发展水平的人将具有高度个体化的道德信念，它有时是与大多数人所接受的社会秩序相冲突的。这个阶段个人有某种抽象的、超越某些刻板的法律条文的、较确定的概念。在判断道德行为时，不仅考虑到适合法律的道德准则，同时也考虑到未成文的有普遍意义的道德准则。道德判断已超越了某些规章制度，更多地考虑道德的本质，而非具体的准则。

第二节　青年动力心理的发展

动力心理（dynamic psychology）是20世纪20年代出现的侧重研究行为的动力和动机的心理学观点。该观点常常关联到强调内驱力、动机、需要、本能、期望等行为方面的有意识和无意识力量之间的相互作用的特定理论。

动机的成长或实现说主张，所有人类活动都导源于为减弱紧张而引发的一切努力之中，相反，其强调由成长或自我实现趋向激励的活动。而且，这些活动不仅不能减弱紧张，反而会增强紧张。其并不否认有这样的可能性，即有些活动可能导源于为减弱紧张而引发的一些努力之中，但是，有机体最重要和最基本的奋斗则是真正的动力。发端于人类潜能运动的成长说或实现说强调行为的动力是人的实现趋向。

一、情绪调整理论

情绪是指伴随着个体的认知和意志过程产生的对外界事物是否满足个体需要的主观体验。情绪是一种很复杂的反应。“水能载舟，亦能覆舟”，正如情绪对于人，情绪可能具有建设性，也有可能具有破坏性。古今中外，对于“情绪”一词皆有所见。中国自古以来对于情绪有其精辟的论述，譬如儒家“发乎情，止乎礼”、“仁人爱物”的中国伦常。《礼记·礼运》言：“何谓人情，喜、怒、哀、惧、爱、恶、欲，七者，弗学而能。”《中庸》言：“喜怒哀乐之未发，谓之中；发而皆中节，谓之和。中也者，天下之大本也；和也者，天下之大道也。致中和，天地位焉，万物育焉。”由此可见，中国深受儒家的影响，而儒家所提的修身养性，又是从情绪修养的提升开始的。

情绪调整会因年龄层不同而在发展内容上有实质的差异，呈现多面性及发展性的特点。个体情绪调整过程往往具体表现出下列特点：①在对情绪的识别方面，情绪状态由“单一情绪”转向“混合情绪”，随着年龄的增加，使用较多分化的情绪词语来描述情绪内容。至于情绪原因的觉察，则由“外在事件”转向“内在感受”，且更能深入地指向个人的内心世界。②在情绪的表达方面，由“直接、外显”转向“间接、内隐”的方式，情绪控制也逐渐成熟，但仍不稳定。③在选择调整情绪的策略方面，“寻求支持”和“放松分心”是较常使用的策略；但随着年龄的增加，逐渐使用“正向思考”和“问题解决”策略。④对情绪反省则是由参照“外在要求”转向“自我主张”的发展，同时渐能主动省思，对情绪事件较有独特的见解。但有时过于反复思索情绪，延长情绪波动时间，导致较多的情绪冲突与矛盾。

对情绪提出有系统的理论是源自国外，一般把情绪当做一种智力，并建构了情商理论。

梅耶（Mayer J D）等的情绪智力理论认为情绪智力是由社会智力（social intelligence）的概念发展而来的，社会智力是指个体能了解和管理他人，并在人际关系中有适当行动的能力。①情绪的感知、表达能力：指从自己的生理状态、情感体验和思想中辨认与表达情绪的能力，以及从他人、艺术活动、语言中辨认与表达情绪的能力。即说明辨认自己和他人情绪的能力，区分情绪表达中的准确性和真实性的能力。其包含能正确评估与表达自己情绪和他人的情绪。就自己而言，能够正确且快速地知觉到自己的情绪，合适地做出反应并表达出来。②情绪对思维的促进能力：指促进认知行为，使问题解决、推理、决策和创造性行为更为有效的能力，包括情绪对思维的引导；情绪对信息注意方向的影响；心境的起伏对思维的影响；情绪状态对问题解决的影响等多方面的能力。情绪的运用（using emotions in adaptive ways）：指个体能够妥善运用情绪以促进思考、增进问题解决能力、增加生活适应力。此包括弹性计划、创造思考、转移焦点以及激发动机。一是弹性计划（flexible planning）：指适时地调整情绪，协助个人思考出更多未来的可能性计划，在多种选择中，更能掌握未来的机会。二是创造思考（creative thinking）：指运用情绪来影响个人对信息的组织、使用及分类方式，以提高创造性问题解决的能力。例如，愉快的心情有助于创造性、归纳推理；而悲伤的情绪有时也会增进演绎思考。三是转移焦点（redirecting attention）：指运用情绪使个人对内在资讯重新分配，将更多资讯集中在更重要的刺激上。换言之，情绪可以协助人们衡量事情的轻重缓急，适度转移焦点。四是激发动机（motivation）：指使用情绪来激发动机，提高工作效能，增强信心，以解决任务。③对情绪的理解、分析能力：指认识情绪体验与语言表达之间关系的能力；理解情绪所传送意义的能力；理解复杂心情的能力；认识情绪转换的可能性及原因的能力等。其中最基本的是使用特定的词语来命名情绪并能有效地辨别它们之间的关系。④情绪管理调控能力：根据所获得的信息，判断并成熟地进入或离开某种情绪的能力；觉察与自己和他人有关的情绪的能力，调节与别人的情绪之间的关系等。

高尔曼（Goleman）的情绪智力理论：1995 年高尔曼在其《情绪智力》

一书中揭示了情绪智力的五个方面，形成了情绪智力五因素结构理论。这五个方面是：①认识自身情绪。这是情绪智力的基石。②妥善管理情绪。这是指在认清自身情绪的基础上，对自身情绪的调控方面。③自我激励。这是指将情绪专注于某项目标上，激励他人积极向上的方面。④认识他人情绪。这是人际沟通的基础，也是对他人产生同情心的必要条件。⑤人际关系管理。这是管理他人情绪的艺术方面。

1997 年，Bar－On 通过多年的研究和实践提出了自己对情绪智力的定义：情绪智力是一系列影响个人成功应对环境需求和压力的能力的非认知能力、胜任力和技能。他还认为，情绪智力是决定一个人在生活中能否取得成功的重要因素，直接影响人的心理健康。Bar－On（1997）提出的情绪和社会智力结构模型由 5 个维度 15 个因素组成。并且，Bar－On 根据该理论模型于 1997 年编制出版了世界上第一个测量情绪智力的标准化量表——《Bar－On 情商量表》（Bar－on Emotional Quotient Inventory，即“EQ－i”）。尽管 Bar－On 的情绪智力理论没有 Mayer、Salovey 和 Goleman 理论那么大的影响力，跟踪研究者也没有那么多，但它仍是目前国外情绪智力三大理论之一，并有自己的特色。

许远理（2004）以信息加工理论为基础，提出了情绪智力的三维结构理论（或情绪智力组合理论）。他认为，情绪智力是加工情绪信息和处理情绪性问题的能力。其情绪智力结构模型由对象维度、操作维度、内容维度三个独立的维度组合而成，每个维度又分别由几种不同成分构成，最后构成 3×3×2共 18 种情绪能力。

卢家楣、王晓娟（2005）也提出了自己的情绪智力结构：一个二阶十因素模型，其中二阶因子分别是：操作自我情绪的能力和操作他人情绪的能力。操作自我情绪的能力含有五个次因素：认识情绪、表达情绪、调控情绪、预见情绪和体验情绪。操作他人情绪的能力包括觉察情绪、评价与表达情绪、预见情绪、体验情绪、调控情绪五个次因素。

二、需求层次理论

社会心理学家马斯洛提出了三个基本假设需求层次论：①人要生存，他的需要能够影响他的行为，只有未满足的需要能够影响行为，满足了的需要不能充当激励工具；②人的需要按重要性和层次性排成一定的次序，从较低层次到较高层次；③当人的某一层次的需要得到最低限度满足后，才会追求高一层次的需要，如此逐级上升。马斯洛认为，动机是指人性本质中的善根。动机像一棵大树的种子，在长成大树之前，种子之内已蕴藏了将来成长为一棵大树的一切内在潜力。人类的动机也就是个人出生后一生成长发展的内在潜力。因此，马斯洛将动机视为由多种不同性质的需求所组成的，故而称为需求层次论。

马斯洛把人的需要归纳为五大类，由低到高分成五个阶层，像金字塔一样。①生理上的需要。这是人类维持自身生存的最基本要求，包括饥、渴、衣、住、性等方面的要求。如果这些需要得不到满足，人类的生存就成了问题。从这个意义上说，生理需要是推动人们行动的最强大的动力。马斯洛认为，只有这些最基本的需要满足到维持生存所必需的程度后，其他的需要才能成为新的激励因素，而到了此时，这些已相对满足的需要也就不再成为激励因素了。②安全上的需要。这是人类要求保障自身安全、摆脱事业和丧失财产威胁、避免职业病的侵袭、接受严格的监督等方面的需要。马斯洛认为，整个有机体有一个追求安全的机制，人的感受器官、效应器官、智能和其他能量主要是寻求安全的工具，甚至可以把科学和人生观都看成是满足安全需要的一部分。当然，这种需要一旦相对满足后，也就不再成为激励因素了。③感情上的需要。这一层次的需要包括两个方面的内容。一是友爱的需要，即人人都需要伙伴之间、同事之间的关系融洽或保持友谊和忠诚；人人都希望得到爱情，希望爱别人，也渴望接受别人的爱。二是归属的需要，即人都有一种归属于一个群体的感情，希望成为群体中的一员，并相互关心和照顾。感情上的需要比生理上的需要更细致，它和一个人的生理特性、经历、教育、宗教信仰都有关系。④尊重的需要。人人都希望自己有稳定的社会地位，要求个人的能力和成就得到社会的承认。尊重的需要又可分为内部尊重和外部尊重。内部尊重是指一个人希望在各种不同情境中有实力、能胜任、充满信心、能独立自主。总之，内部尊重就是人的自尊。外部尊重是指一个人希望有地位、有威信，受到别人的尊重、信赖和高度评价。马斯洛认为，尊重需要得到满足，能使人对自己充满信心，对社会满腔热情，体验到自己活着的用处和价值。⑤自我实现的需要。这是最高层次的需要，它是指实现个人理想、抱负，发挥个人的能力到最大程度，完成与自己的能力相称的一切事情的需要。也就是说，人必须干称职的工作，这样才会使他们感到最大的快乐。马斯洛提出，为满足自我实现需要所采取的途径是因人而异的。自我实现的需要是在努力实现自己的潜力，使自己越来越成为自己所期望的人物。

根据马斯洛的需求层次论，个人人格获得充分发展的理想境界是自我实现，自我实现（self actualization）就是人性本质的终极目的，也就是个人潜力得到了充分发展。据马斯洛估计，人群中能够自我实现者不超过十分之一，原因是除了个人条件，难免受环境因素的限制。他选出美国名人中杰斐逊、林肯、爱因斯坦等，认为他们都是自我实现的人。马斯洛分析发现这些人的人格特质有相同点。

三、信仰发展阶段理论

在日常生活中，人们经常看到，某种信仰成为一个人奋斗终生的动力，也就是信仰的精神动力，即个体发动、指引和维持某种活动或事业的驱动力。

福勒（Fowler J W）依据皮亚杰的认知发展阶段论和柯尔伯格的道德发展阶段论，提出了人的信仰发展的六个阶段。

（1）直觉/投射阶段。从2岁至7岁。个体开始具有想象力，但缺乏对自己的感觉或幻想进行质疑或批判的能力。他们还领悟不到事件所具有的意义。这一阶段的个体尚未开始建立信仰。

（2）神话/字面含义阶段。一般在12岁、13岁期间。个体具有叙事能力，能通过讲故事来表达意义。能理解故事、象征、神话的表面含义，但较少深入一层来理解其意义。相应地，他们的宗教实践和仪式也是零散的、不连贯的，他们领会到各个活动的个别含义，但没有把它们连成一个整体来看待。

（3）综合/传统阶段。从12岁、13岁到17岁。伴随着皮亚杰“形式运算期”的到来，这一阶段开始发生。这一阶段的个体已经可以将方方面面的仪式、实践、故事、象征整合起来，形成一个整体的宗教概念。但这一阶段的信仰来自于家庭传统，个体基本上未对此加以检验。个体知道自己的信仰，但说不出为什么。这一阶段的特征是个体将上帝看做一个具有人格的伙伴、朋友，能深深了解个体，而且觉得个体有价值。

（4）个人化/投射信仰阶段。一般在17岁到25岁期间。个体经过检验、反思，跳出了传统的人际关系圈子，重新确立了自己的信仰以及相应的人际关系。这时个体关注的是理想追求与其在团体中的自我意识的一致性。正常情况下，这一转变发生于成年前期。但有的人到了将近40岁才开始转变，使这一转变更具有创伤性，因为他们已经具有了相对稳定的生活。还有的人一辈子都处在这一过渡期中，没有完成转变。

（5）结合的信仰阶段。成年时期。个体把已经建立起来的信仰渗透到生活的方方面面。个体认识到，影响自己行为的不仅有意识，还有潜意识。他们也领悟到社会潜意识的存在，领悟到那些对自己有强有力影响的部落、民族、国家的传统和习惯，因此他们准备好了跳出这一狭窄圈子，去拥抱种种不同的人。大部分的成年人处于第二至第五个阶段。

（6）普遍化信仰阶段。成年时期。达到这一阶段的人很少。他们生活在人类共同体当中，或者说“天国”对于他们来说已在生活中实现。他们比普通人显得更明晰、简单，同时又极其自由、不妥协甚至具有颠覆性。他们关注的焦点不再是自我，而是自我对上帝或终极实在的参与。他们为了证实上帝而放弃自我，同时因为这一点而成为有活力和强有力的个体。

在第一个阶段之前还有一个0～2岁的时期，这时候个体建立起对世界的基本信任感。以后的宗教体验要么证实这种信任感，要么重建信任感。

青年信仰发展具有以下特征：①重新认知自我。青年人正对自我的身分作重估，他们希望知道“我是谁”，却又不能肯定“我是谁”。他们尝试与别人沟通，却又不懂如何与人沟通。②接纳与认可。青年人需要群体的接纳及认可，也需要在群体中作独立的决定。③认同成人的价值观。在道德和信仰上，他们会在思想上认同成人所教导的价值标准。④形成自己的信仰。他们在经历一种自觉寻找信仰的过程，而这过程又能引导他们得到一个属于自己的信仰。

四、情感激发理论

情感是人心理机制的中心，是一种很强的内在动力。一个人如果缺乏情感，就不可能有强劲的学习动力。在某种意义上，情感激发理论也可归入动机享乐说。有人认为，它是动机享乐说的一种变式，重点在于有机体努力达到最大愉悦情感和最小不悦情感。然而，从本质上说，情感激发理论与心理学上的需要或内驱力没有必然联系，但却与动力相关。在《牛津英语词典》中用动力形式解释情感，谓情感是一种行动方式，一种欲望、骇怕或别的情绪，一种倾向于影响人的意志的原因。动机的强度取决于组织动机的情感过程的强度。正是因为这样的动机，有机体朝向或背向一个物体；也正是这个基于情感的动机，引起并控制行为。总之，情感过程在组织、激发、控制和保持习得的行为模式方面起着主导作用。把情感作为动机核心的一些心理学家有麦克莱兰、莫勒和汤姆金斯等。事实上，在许多心理学家的动力理论中，情感激发说、内驱力说和诱因说是交叠在一起的。比如，麦独孤就强调情感在目的发展中的作用；内驱力理论家也强调情感的重要性；情感理论家在阐释情感作用的同时也强调目的系统的发展和保持。

五、自我效能理论

自我效能是指个体应对或处理内外环境事件的有效性。和传统心理学的能力理论不同，社会学习理论的自我效能理论并不试图描述主体自我的某一稳定不变的属性（Evans，1989），而是从个体心身机能的发挥这一动力学角度来探讨主体自我在其中的作用。所以，它的自我效能概念所把握的，是个体以自身为对象的思维（self－referent thought）的一种形式，指个体在执行某一行为操作之前对自己能够在什么水平上完成该行为活动所具有的信念、判断或主体自我感受。自我效能感决不只是个体对自己即将执行的活动的未来状态的一种事先预估，而与这一活动的实际执行过程及执行后的实际状态没有因果的关系。事实上，它直接影响到个体在执行这一活动的动力心理过程中的功能发挥。自我效能感对主体的作用机制包含以下几个阶段：①选择过程。一般而言，当面临不同的环境时，个体选择自认为能加以有效应对的环境，而回避自感无法控制的环境。一旦个体选定某种环境，这种环境反过来又影响到他的行为技能和人格发展。另一方面，当个体可以采用不同的活动来解决所面临的任务时，由于不同活动包含着不同的知识和技能要求，他选择哪种活动就决定于他对可供选择的各种活动的自我效能感。②思维过程。自我效能感能够影响或激起若干特殊形态的思维过程，这些思维过程对个体活动成就产生的影响或是自我促进的，或是自我阻碍的，依效能感的高低而不同。③动机过程。自我效能感通过思维过程发挥主体作用，通常都伴有动机过程参与其中。除此之外，自我效能感还会影响个体在活动中的努力程度以及在活动中当面临困难、挫折、失败时对活动的持久力和耐力。特别是对于那些富有挑战性或带有革新性质的创造活动而言，这种持久力和耐力是保证活动成功的必不可少的条件之一。

第三节　青年个性、社会性的发展

一、人格发展理论

艾里克森的基本观点是：人的心理发展源自于心理需求和社会要求之间的矛盾，称其为心理·社会危机，心理·社会危机的解决过程就是心理发展的过程。从婴儿期（前期）到老年期（成人后期），每个阶段都有其特殊的发展任务，由于发展任务完成得顺利与否的不同，而呈现积极结果与消极结果的程度差异。

艾里克森认为，人格的发展是一个逐渐形成的过程，一定要经过几个顺序不变的阶段。每个阶段都有一个普遍的发展任务，这些任务是由个体的成熟、社会文化环境、社会期望之间不断发展的冲突和矛盾所规定的。如果在每一阶段内，冲突解决得好，发展任务完成得好，就能形成积极的个性品质，完成得不好就会形成消极的个性品质。各人完成任务的程度并不相同，一般都介于积极和消极两个极端之间的某一点上。健康的个性品质倾向于积极的那一端，而上一阶段任务完成得好与不好会影响到下一阶段任务的完成情况。

对青少年来说，个体在之前的各个阶段的发展任务完成得好，如有较强的信任感、自主感、主动感和勤奋感，到青年期实现有意义的同一性的机会就较多，反之，就可能出现与自我同一性相反的情况，即同一性的扩散或混乱。他强调，青年期在确立自我同一性的过程中必须在七个方面取得整合，才能使人格得以健全发展。一旦自我同一性的形成过程中出现同一性失调，就会导致自己无法认识自我或无法确认自我，而使自我处于一种毫无布局的弥漫、扩散、混乱状态。诚然，在一段时期内，为寻找自我、发现自我而出现暂时的同一性分散或角色混乱，多属正常现象。通过角色试验、亲身体验，经过一段时间的自我的痛苦探求，可能实现新的、更富创造性的、积极的自我同一。

(0~1.5 岁) 信任对不信任 (trust versus mistrust)：希望的美德是对人信任，有安全感；应对的主要问题是，陌生人焦虑，发展障碍，与人交往焦虑不安，自我意识增强。

(1.5~3 岁) 自主对羞愧、怀疑 (autonomy versus shame and doubt)：发展顺利，有自我控制感，行动有信心；发展障碍，则自我怀疑，行为缩头缩脑。

(3~6 岁) 主动对内疚 (initiative versus guilt)：发展顺利，生活有目的、方向，独立进取；发展障碍，则畏惧退缩，无自我价值感。

(6~12 岁) 勤奋对自卑 (industry versus inferiority)：发展顺利，有求学、待人处世的基本能力；发展障碍，则缺乏基本能力，充满失败感。

(12~20 岁) 自我统一对角色混乱 (identity versus role confusion)：发展顺利，人格统一，有自己的目标；发展障碍，则人格混乱，生活无目标。

(20~35 岁) 亲密对孤独 (intimacy versus isolation)：发展顺利，有成

功的感情及事业基础；发展障碍，则孤独寂寞，无法与人亲密相处，逃避社交生活。

（35～65岁）精力充沛对颓废迟滞（generativity versus stagnation）：发展顺利，热爱家庭，事业有成，培育后代；发展障碍，则自我放纵，不顾未来。

（65岁以上）完美无憾对悲观绝望（integrity versus despair）：发展顺利，心平气和，安享晚年；发展障碍，则悔恨往事，自我放纵。

20世纪70年代，玛西亚（Marcia）赋予自我同一性概念以可操作性，创立了自我同一性状态的理论模型。依据青少年在自我同一性形成过程中对“探索”与“承诺”两个要素“是”与“否”的选择，将青少年的自我同一性划分为四种状态：①同一性获得，即经历了一段探索，仔细考虑过各种同一性问题，并选择了自我投入的目标和方向。这是最成熟、最高级的状态。②同一性扩散，指既不积极寻找，也不努力探索与思考，没有确定的目的、价值观，缺乏方向，也不努力实践。这是最不成熟、最低级的状态。③同一性早闭，即没有经历探索就对一定的目标、价值观和信念形成承诺，这些承诺反映的是父母或权威人物的希望和要求。④同一性延缓，指正在经历同一性危机，积极地思考各种可能的选择，但还没有对特定的目标、价值观作出决定，没有达到最终的承诺。

1996年，玛西亚将自我同一性的功能总结如下：①为理解一个人是谁提供了结构。②给个体以明确的价值观、目标、发展方向和生活的意义。③给个体提供了明确的个人控制感和自由意志。④有助于个体追求价值观、信念与行为的内在一致性。⑤有助于个体潜能的认识和发挥。

二、人生的发展阶段理论

哈维格斯特（Havighurst R J，1953）和Erikson E（1963）指出，人生在每一个阶段有其不同的发展特征和任务（developmental task）。Erikson E提出了生命全过程发展观，将生命全过程分为八个阶段，他认为在这八个成长发展阶段中大都有可能出现危机，这种危机同时也是一种促进成长的契机，他十分强调各种心理冲突和危机的早期预防与干预，以帮助个体成长的重要性。他认为，青春期最主要的发展任务是身份角色的认同，避免身份角色混淆的危机（role identity vs. role confusion）。而青年期的主要任务是发展亲密关系，避免孤独（intimacy vs. isolation）。在这个时期，除了智力在质和量两个方面有发展，他们对角色认定、身份的确认，包括自我认识、了解并发展成熟的人际关系是十分重要的，其中包括与异性相处的关系。Erikson E的理论用发展变化的观点来看待个人心理的成长，重视心理发展过程中个体心理的内在冲突及解决冲突对个体成长的意义，重视环境、教育对个体心理发展的影响，这为发展心理辅导模式的建立起到了相当大的推动作用。

哈维格斯特所提出的“发展课题”也是以发展为主导的心理辅导理论的重要基础。他把人生划分为六个时期，即幼儿期（0 ~ 6 岁）、儿童期（6 ~ 12 岁）、青少年期（12 ~ 21 岁）、成年期（21 ~ 40 岁）、中年期（40 ~ 60 岁）、晚年期（60 岁起），认为青少年期的发展任务为：①学习与同年龄男女的新的交际；②学习男性与女性的社会角色；③认识自己的生理结构，有效地保护自己的肌体；④从父母和其他成人那里独立地体验情绪；⑤有信心实现经济独立；⑥准备选择职业；⑦做结婚与组织家庭的准备；⑧发展作为一个公民的必要的知识与态度；⑨追求并实现有社会性质的行为；⑩学习作为行动指南的价值与伦理体系。

我国学者张日昇（1993）以多年研究成果为依据，并参考已有的发展课题，提出如下十项青年发展课题：①对身体的发育及其变化予以理解和适应；②从精神上脱离家庭或成人而自立；③学习并在学习过程中逐渐完善作为男性或女性的性别角色；④对新的人际关系，特别是对异性关系的适应；⑤学习如何认识自我和理解自我；⑥学习如何认识社会和对待社会；⑦学习并确立作为社会一员所必须具备的人生观和价值观；⑧学习并掌握作为社会一员所必须具备的知识和技能；⑨做选择职业和工作的准备；⑩做结婚和过家庭生活的准备。

三、自我意识发展的理论

米德（Mead，1934）从社会人际互动的角度阐述自我意识的发展过程。他认为，个体脱离他人就不可能形成自我，个体的自我意识是在个体借助语言符号与他人互动的过程中产生的。他提出三阶段的自我意识发展模式：①准备阶段；②模仿阶段；③社会角色扮演阶段。

自我价值定向理论是我国学者金盛华在 1982 年本科生论文研究时形成的模糊概念。主要的概念如下：自我价值定向（self - worth orientation）是指个人的自我价值定位（选择）和自我价值状况，决定着个人指向特定对象（包括自身）和在特定情境中的社会行为，并且个人与周围世界、他人及其作为客体的自我关系，也是由其自我价值定位和自我价值状况决定的。这种行为的自我价值决定论的目的是寻找到解释、预测和控制行为的真正心理机制。自我价值（self－worth）是指个人选择一定的价值标准对自身进行价值评判获得的关于自身总体价值的概念。它是个人通过择定的价值标准，对自身进行价值评估的结果。自我价值定位（self－worth positioning）是指选择什么样的价值标准来评价自身价值。影响自我价值状况的三个核心因素是：个人的自我价值定位，作为个人自我价值定位背景的一般社会价值取向，以及情境性或事件性的社会比较经验。自我价值感（feeling of self－worth）是指个人对自身价值评判结果的体验。个人的自我价值感有两个基本的方面：一个方面是总体自我价值感；另一个方面是情境性或事件性自我价值感。自我价值定位和自我价值感是评价人们自我价值状况的两个最为重要的维度。个人的以自我价值感形式表现出来的自我价值状况，是由两个根本性因素决定的：一是自我价值支持；二是自我价值定位。前者是客观的自我价值的依托，后者是自我价值的诠释体系。

自我价值定向理论假定，个人的自我价值定位越是向内在精神信仰的因素倾斜，物质性的自我支持资源对个人自我价值感的影响就越小，因而自我价值稳定性也就越高；反之，如果个人的自我价值支持中缺乏精神信仰因素的支持，个人自我价值对于物质性自我价值支持资源的依赖程度就越高。这种定位倾向的自我价值感会随物质性自我价值支持资源的变化而变化。自我价值保护（self－worth defence）是指人为了保持自我价值的稳定性，其心理活动的各个方面都有一种防止自我价值遭到否定的自我支持优势心理倾向。

洛文格（Loevinger，1980）采用造句测验的方法收集大量资料，长期研究自我发展，提出七阶段的自我意识发展模式：①前社会的、共生的阶段；②冲动阶段；③自我保护阶段；④遵奉阶段；⑤公正阶段；⑥自主阶段；⑦整合阶段。

四、大学生发展七向度理论

Chickering（1969）将 Erikson 的抽象的自我同一性理论与大学生的行为联系起来，具体明确地来解释大学生的行为，提出大学生发展七向度理论。他用向度来代替阶段，认为向度比阶段更具有方向和量的意义，而且方向往往代表一种螺旋发展的倾向，而不仅仅是一条直线。大学生发展七向度如下：

（1）能力感的发展（developing competence）。Chickering 提出，进入大学后，首先需要发展三方面的能力：智能（intellectual competence）、身体和操作技能（physical and manual skill），以及人际关系能力（interpersonal competence)。智能包含对大学课程学习的能力，如做笔记、利用图书馆、考试等；随着心智、接触面的扩展，开始涉猎哲学、艺术并建立终生学习的态度，以及批判性思考能力的发展。身体及操作技能发展则指通过运动及艺术活动的参与，增进自己的操作能力、弹性、体力、耐力及健康。人际关系能力则指能与人有效沟通、领导、被领导、合作及从事团体工作的能力。Chickering 指出，当学生愈来愈信任自己有这些能力，能整合这些技巧并有信心地经常去应用时，学生的能力感就会发展出来。人际技巧包括沟通技能（communication skills），听、说、写以及传送、接收非语言信息的流畅和正确性，以及准确地共情（accurate empathy），能关心别人，对别人的需求做适当的反应。

（2）情绪管理的发展（managing emotions）。情绪管理的发展主要有两个方面：①知觉并接受自己的正、负面情绪；②平衡、控制且适当地表达自己的情绪。知觉并接受自己的正、负面情绪主要包括去感受自己的整个情绪，了解造成情绪的原因，区别情绪的强度及有害或有益的情绪而能自我信任或自我升华，并接受情绪是一个有价值的资讯及了解冲动带来的后果。平衡、控制及适当地表达自己的情绪则是学习新的适应技巧，把情绪导向建设性行为并能更弹性、自由地接受有意义的经验。情绪是多元且复杂的，在大学生的任务发展中，需要一次又一次地面对自己内心深处的心灵世界，除能学会情绪自我觉察外，亦须能具备掌控情绪能力，以应对人生高低潮，安然通过每一阶段的考验。

（3）从自主走向互赖（moving through autonomy toward interdependence）。Chickering 和 Reisser（1993）认为自主是一种成熟的独立（independence of maturity），而自主性表现在下列三个层面：①情绪性的独立（emotional independence），即只在某种程度上与父母分化，个人不再过度地持续地寻求他人的确认、喜爱或赞许。要达到情绪性的独立，个人必须摆脱对父母的依赖，将其转为对同侪的信赖，学习独立思考判断，并且区辨外在的应该（should）和内在的需要（wanted），最终达到个人的自主。②工具性的独立（instrumental independence），包括两个部分：一是个人能独立完成活动或处理问题，让自己更能有自我效能；二是如果需要的话，个人能自由地移动前往他处，且生活运作得很好。③体认互赖（interdependence）的重要性，Chickering 和 Reisser（1993）认为个人不可能朝向个人的目标前进时，能够完全独立自主而没有任何挫折。而真正的自主是个人能了解自己的每一个行动都会影响他人，自由是必须借着遵守规则及责任才能真正达到。个人朝向互赖发展中，必须学习互惠、妥协、牺牲以及对社会大众福祉的承诺。能了解个人和社会群体互赖的关系是个人真正达到自主的极点。对大学生而言，认识互赖的重要性是指能了解个人与家庭、同侪以及社会所存在的互赖关系，亦即爱人与被爱是相互的，有了这些认识之后，个人才能成为真正自主的人。

（4）成熟人际关系的发展（developing mature interpersonal relationship）。在人际之间的互动中，个人对自我的知觉及对他人知觉的信念不但形成个人内在的心理建构，而且影响个人对外在世界的互动和反应。这个向度在旧作中被称为开放的人际关系且放在第五位，在建立自我认定之后，在新作中被移前，主要强调成熟人际关系的发展是建立自我认定的重要基础（Reisser，1995）。Chickering 认为成熟人际关系的发展应包括两个层面：①发展对不同文化及人际之间的容忍、接受、尊重并欣赏别人的不同（tolerance）；②与自己亲密的人建立互惠、平衡、尊重持久关系（intimacy），不会太支配，也不会太依赖，亲密中保有自我与独立。所谓有点黏又不会太黏的人际关系，该是上述所言，能自在于人际互动之间。

（5）自我认同（ego identity）。自我认同是一种自我综合的行为，也是个人对团体的理想与认同所保持的一种内在的共同一致性（inner solidarity）。Erikson 认为自我认同危机发生在青少年期，个人依据自己以往所获得的能力及潜能寻找自己将来的方向。在此过程中，个人需要将青年期之前所得的种种经验做一次新的选择与淘汰，以形成新的自己。自我认同是一系列自我探寻、自我成长的历程，由自我了解、自我悦纳、自我肯定到自我实现以达成熟稳定统整的人格发展，大学生的成长经验是一个重要关键因素。

（6）未来目标的发展。未来目标的发展包括：一是能明确自己的职业目标，订好计划；二是能依据个人的兴趣、嗜好列出优先顺序；三是能作出关于个人未来生活方式的初步选择。Chickering 指出目标发展包含逐渐发展出能力去整合许多不同的小目标，有益于为自己未来树立有意义的大目标，并在日常生活中克服困难，努力持续去追求，不达目标不终止。他也强调发现职业目标并非只是找工作，而是明确发展什么才是自己真正爱做，可带给自己满足，带给自己挑战，并能运用自己所长的职业（Chickering，Reisser，1993）。

（7）整合感的发展。整合感的发展和认同的建立以及未来目标的发展十分有关。个人对于经验的解释、引导个人的行为及维持个人的自尊心，这些发展是以个人核心的价值观和信念为基础的。Chickering 和 Reisser

(1993) 认为整合感的发展，并不仅仅意味着价值观和行为之间一致符合程度的增加，也意味着对个人和他人责任的改变，以及显示个人更能深思熟虑的应用伦理的原则。Chickering 指出最后这个向度发展包含三个连续但互相重叠的阶段。首先，发展人性化的价值观（humanizing values），即个人能从盲从、不负责任的价值信念走向能同时考虑个人利益与人类福祉；其次，发展个人化的价值观（personalizing values），即肯定自己的价值信念同时也尊重别人的观点；最后，走向言行合一（congruence）协调一致性的发展，即以负责任的态度，按照自己的价值信念在日常生活中表里如一、言行一致地去参与社会生活。

五、家庭生命周期理论

家庭生命周期研究了家庭发展各阶段所必须完成的任务。这些阶段任务即是家庭生涯规划的重要指标。①婚姻调整阶段。适应婚姻生活、认识并适应姻亲关系、决定是否生育子女或准备生育子女，以及决定住的问题。②养育学龄前子女阶段。调整夫妻关系、适应夫妻角色之外新增加的父母角色、教导儿童新的技能、改变作息以适应子女成长需求，以及工作与家庭生活的时间分配。③有学龄儿童阶段。学习接纳子女的特质并提供其做最佳发展所需的资源、参与子女之学习、关心学校与家庭关系的发展、调整亲子关系，准备迎接第二个子女加入家庭，以及维系婚姻亲密情感。④家有青少年阶段。学习接纳青春期子女的生理、心理与社会关系的变化，学会与子女之间界线的清楚划分，以及协助子女自我认同并获取独立生活所需的能力。⑤子女准备离家阶段。调整子女即将离家的亲子依附关系、接受原生家庭父母年迈体衰的事实，并提供必要的照顾，以及学习接受并与子女的异性伴侣相处。⑥第二次蜜月阶段。调整已有的以亲子互动为导向的承担父亲、母亲角色的夫妻关系为以夫妻情感交流为主的夫妻关系，重新定义婚姻生活对夫妻和个人的意义、发展新的沟通模式，以及学习准备退休生活的知识、态度与技能。⑦孤寂阶段。处理痛苦情绪的冲击、面对独居的事实并加以适应、寻求并发现新的生活意义，以及接受“老人”之角色。

六、生态系统理论

生态系统理论由美国心理学家布朗芬布伦纳提出，他承认生物因素和环境因素交互影响着人的发展，自然环境对人的发展是一个主要影响源。环境的影响是“一组嵌套结构，每一个嵌套在下一个嵌套中，就像一套俄罗斯的嵌套娃娃一样”。换句话说，发展的个体处在从直接环境（像家庭）到间接环境（像宽泛的文化）的几个环境系统的中心或嵌套于其中。

布朗芬布伦纳将生态环境分为四个系统：第一层系统是微系统。这是最里层的系统，指个体及其社会属性的特征、个体活动和交往的直接环境。对大多数婴儿来说，微系统仅限于家庭，然后随着儿童进入托儿所、学前班，以及与同伴群体和社区玩伴的交往，此系统变得越来越复杂。儿童不仅受微系统中人的影响，而且他们的生物和社会性特征——习惯、气质、生理特征和能力，也影响着同伴的行为。例如，困难型婴儿可能会疏远父母，甚至导致父母出现矛盾，这足以破坏婚姻关系。微系统中任何两个个体的交往都有可能受第三者的影响。例如，父亲明显地影响着母—婴交往：有着亲密幸福的婚姻关系、夫妻相互支持的母亲对婴儿的反应比婚姻关系紧张、缺少配偶支持的母亲更有耐心和更敏感。因此，微系统的确是一个动态的发展情境，生活于其中的每个人都影响着别人，同时也受别人的影响。第二层系统是中间系统，指的是在微系统，如家庭、学校和同伴群体之间的联系或相互关系。布朗芬布伦纳认为，如果微系统之间有较强的支持性关系，发展可能实现最优化。例如，家庭与学校之间的良好配合更有利于儿童发展。第三层系统是外层系统，是指那些儿童并未直接参与但却对他们的发展产生影响的系统。如父母的工作环境就是一个外层系统影响因素，儿童在家庭的情感关系可能会受到父母是否喜欢其工作的影响。同样，儿童在校的经历也会受到外层系统的影响，如学校的整体计划。第四层系统是宏系统。宏系统是指微系统、中间系统、外层系统嵌套于其中的文化、亚文化和社会阶层背景。宏系统实际上是一个广阔的意识形态。它规定如何对待儿童、教给儿童什么以及儿童应该努力的目标。在不同文化中这些观念是不同的，但它们在很大程度上影响着儿童在家庭、学校、社区和其他直接或间接影响儿童的机构中获得经验。

生态系统理论比任何已往的理论对人的发展和社会环境的描述都更为丰富。我们每个人都生存在与中间系统相联系的、嵌套在外层系统和宏系统之中的特定的微系统中。这表明，儿童和青少年有许多最优发展的途径，但目前已有的研究都未能全面解释人类的发展。

第四章　青年自我价值观的发展

第一节　自我价值观概述

一、自我价值观的内涵

自我价值简单来讲就是对自己的重要性的感觉和看法，是个体自我限制与约束的内驱力系统，促进个体的生活和工作，与内在需要发生共鸣，产生成就感、尊严感、荣誉感等体验。

Baumeister（1991）认为，自我价值（self－worth）是人们感受到自己存在的价值，可以通过体验比别人优越的感觉来达成，这是一种对自我尊重的需求。

可以认为，自我价值观是一个人内在重视的原则或标准，使得个体体验到个人生命与工作的意义，是个体发展的内在动力来源。个人自我价值观往往与高度的自我效能存在密切关系。自我价值大和自我效能高的个体都相信自己有能力，从而可能去追寻生命的意义。

二、自我价值观的功能

自我价值观的主要功能有以下四个方面：①认识功能。自我价值观是引导自身追求至善的良师。它引导人们认识自己，对家庭、对他人、对社会、对国家应负的责任和应尽的义务，引导人们正确地认识社会道德生活的规律和原则，从而正确地选择自己的行为和生活道路。②调节功能。自我价值观是社会矛盾的调节器。人生活在社会中，总要和自己的同类发生这样那样的关系，因此不可避免地要发生各种矛盾，这就需要通过社会舆论、风俗习惯、自我价值观等特有形式，以自己的善恶标准去调节社会上人们的行为，指导和纠正人们的行为，使人与人之间、个人与社会之间关系臻于完善与和谐。③评价功能。自我价值观是人们内在的力量，是人通过评价来把握现实的一种方式，它是通过把周围社会现象判断为“善”与“恶”而实现的。④平衡功能。自我价值观不仅调节人与人之间的关系，而且平衡人与自然之间的关系。它要求人们端正对自然的态度，调节自身的行为。

三、自我价值观的结构

（一）自我概念

自我概念是个人在对内在的自己以及外在环境中的人、事、物进行知觉的过程中形成的，对自己的行为、能力、身体或态度等的看法。它具有组织性与多层面结构性，会随着个体成长、社会化以及与他人互动的历程而改变。

杨国枢（2004）提出了自我四元论，在把自我概念分为社会取向自我概念与个人取向自我概念的基础上，又把社会取向自我概念分为：关系（权威）取向自我、家族（团体）取向自我、他人取向自我。

1. 自我概念的特征

黄德祥（1994）提出了自我概念的四个特征：①具有他人取向。自我概念强烈受到他人的影响，经由个人与他人的互动、别人的回馈与评价中，日积月累地形成自己对自己的看法。②是自我建构的体系。因为个人主观的意识、认知水准以及人生体验，自己会形成一个基模或架构当做基本的参照体，成为与外界互动时的依据。③是个人对自己的描述。尤其是描述自己的生理特质、人格、技能、心理特质、角色与社会地位等。④是自我界定与自我形象的总和。自我概念除了说明自己的情况，也帮助个人做自我辨识与自我认定，是有关自我的各种信息的综合结果。

2. 自我概念的功能

自我概念不仅是一种认知结构，而且是行为的动机系统，促使人类行为具有目的性与意义性，使人类知觉具有选择性与主观性。因此，郭为藩（1996）认为自我概念对个体具有三种功能，分别为自我维护功能、自我肯定功能以及自我实现功能。①自我概念具有自我维护功能。它指引个体行为，引导个体尽最大力量来维持本身结构的稳定与整合，避免自我结构受到损伤或改变。Combs 和 Snygg（1959）认为个人所要维护的自我，不限于他的身体，还包括他所察觉的自我。一般常说自我防御机制如压抑、否认、升华等，以及忽视掉具有威胁性、足以动摇或破坏原有结构的刺激，都是自我概念维护功能的表现。②自我概念具有自我肯定功能。一种结构的存在，除了维护其完整性，同时有进一步扩展的需求。Combs 和 Snygg（1959）认为人的基本需要是一种追求圆满的需要（need for adequacy）。人的行为多彩多姿，其目的在于维持或加强自己对个人价值的知觉。这种加强自己对个人价值的知觉的作用，便是自我肯定。如乐善好施、锻炼体魄、维持良好身材等，都是自我肯定功能的表现。③自我概念能够促进自我实现。自我实现一般是指内在潜能的展现，使自我成为真正要成为的自己。自我实现是人类奋发向上最主要的动机。Maslow 的自我实现需求说把自我实现看做是个体具有朝向自己期待发展的趋势，以实现潜能。总之，自我维护功能在于保护自我意识的发展趋向于稳定性与完整性，自我肯定功能有利于维持个体自我知觉的价值，自我实现功能则是让个体朝向自我潜能的实现与完成发展。

（二）自我价值感

自我价值是对自己主观的评价与感受。自我价值高的个体一般具有开放的、温情的系统，各因素之间富含良性互动。自我价值感是对自我的能力与价值的积极情感体验，即认为自己是重要的、有价值的，进而接纳自己、喜欢自己的一种感受。持久的自我价值感是一种较稳定的人格倾向，是个人在社会生活中，客体的自我对社会主体以及主体的自我的认知和评价，是一种正向的自我情感体验。自我价值感包括三个层次：总体自我价值感、一般自我价值感和特殊自我价值感。每类价值观又可以分为个人取向和社会取向的价值观。其中，总体自我价值感抽象程度最高，它比较泛化、概括化。一般自我价值感的抽象程度次之，反映了个人长期维持的基准水平。特殊自我价值感的抽象程度最低,它体现在生理、心理、人际、道德和家庭等具体方面,比较容易随社会角色、身份的改变或重大事件的发生而波动。总体自我价值感来源于对一般自我价值感的整合,而一般自我价值感则来源于对特殊自我价值感的整合。

首先，自我价值感是个体适应社会的心理资源。个体要适应社会，必须在社会交往中自觉地去修正自己的认识和行为以顺应社会的要求。在这个过程中，由自我价值感而引起的情感体验，如犯错误后的羞愧感、遭到失败的耻辱感、成功后的自豪感等无疑会成为一种前提性暗示，决定着行为的取向。其次，自我价值感是个体适应社会、缓解焦虑的心理机制。人类对死亡有着与生俱来的焦虑，同时，也担心害怕具有死亡性质的失败冷遇、被拒绝、被否定、被排斥等。只有当个体觉得生活是有价值和有意义的时候，才会在某种程度上缓解这种焦虑。当人们面临威胁和冲击时，自我价值感就会启动一定社会行为去补救或防御，使个体重新获得价值感和意义感。如果自我价值感的适应机制受到损伤，就会引起生理和心理健康问题。最后，自我价值感是个体完善发展的驱动力。自我价值感高的人，相信自己的存在是有价值和能力的，在生活中也会表现出良好的社会形象，同时社会也会给他们积极的反馈。与社会的良性互动使自我价值感高的个体产生较高的自我效能感，会对自身行为产生良好预期，从而驱使自己在社会中更好地发展与完善。

当前关于青年自我价值感的研究，较多利用青少年自我价值感量表（SE）进行评估。该量表包括总体自我价值感、社会取向和个人取向的一般自我价值感、社会取向和个人取向的特殊自我价值感（包括人际价值感、心理价值感、道德价值感、生理价值感和家庭价值感），共有以下几个维度：成就感、归属感、自我成长、创意、财富、保障、快乐、健康、正直、团队等。

（三）自我效能感

自我效能感是一个正在逐渐成熟的概念。目前尚无得到广泛认可的定义，不同的研究者有不同的界定。综述已有研究我们可以概括自我效能感的定义主要有以下几个：①指个体对自己能否在一定水平上完成某一活动所具有的能力判断、信念或主体自我把握与感受（Bandura A，1986）。②个体在面临某一活动任务时的胜任感及其自信、自尊等方面的感受（Schultz）。③指使个体能够有效地同周围世界良好互动的一种人格（Barfield，1974）。④指个体对特定环境作出反应的一种心态（Ashton and Webb，1986）。⑤个体对自己的行为影响成绩所持的有效或无效的感觉。⑥个人对自己从事某种工作所具能力以及对该工作成功可能性的一种主观评价（张春兴，1991）。⑦个体对自己能够进行某一行为的实施能力的推测或判断，它意味着人是否确信自己能够成功地进行带来某一结果的行为（周国韬、戚立夫，1993）。⑧个体对自己能否胜任某项活动的自信程度（董奇等，1996）。

1. 自我效能感的信息来源

自我效能感作为个体对自己与环境发生相互作用效果的主体自我判断，要以一定的经验或信息为依据，通过对这些新经验的认知加工而形成的。以班杜拉为代表的西方学者认为个体所具有的自我效能感来自于两种类型的经验（姚凯，2008）。一是以往的成功经验。以往的成功经验是自我效能感形成的重要前提，它为个体提供判断和构成自我效能感的行为信息。已有研究表明，个体在具有挑战性任务中所获得的成功，对于自我效能感的形成和改变的影响尤其大。二是模仿或替代学习。社会生活中有许多的知识经验不是通过个体亲身实践的结果，更多的知识来源于对榜样的替代学习。自我效能感也是替代学习的结果。

2. 自我效能感的功能

自我效能感对后续行为产生多方面的影响，主要表现在四个方面（王艳喜、雷万胜，2006）：①影响人们的行为选择。人们对自我效能的判断，不仅影响其对活动和社会环境的选择，也影响个体的行为方式。②自我效能感决定着人们将付出多大的努力，在遇到障碍或不愉快的经历时，维持达成既定目标的行为的持续时间。③影响人们的思维方式和情感反应模式。自我效能感低的人与环境作用时，会过多想到个人不足，并将潜在的困难看得比实际困难更严重。④自我效能感具有相对的稳定性。

自我效能感不只是个体对自己即将执行的活动的未来状态的一种事先预估，更直接影响着个体在执行这一活动的动力心理过程中的功能发挥，从而构成决定人类行为的一种近向原因。自我效能感是通过若干中介过程实现其对主体作用的（高申春，2000）。

综观上述关于自我效能感定义的诸多观点，尽管研究者们从自我效能感的过程或表现形式或对象及范围等方面进行界定，这些界定各不相同，但它们的核心思想却是一致的，都涉及对自己能力的自我评价问题，属于自我意识的一个重要内容，是自我意识在情感上的一种表现。

自我效能感与个体的社会适应能力之间存在密切关系。对某项工作拥有较高的自我效能感，会令人较主动地参与或完成该项工作的行动，以及长久地持续这项行动（Maddux，1995）。不过，自我效能感的判断并不等同于对行动结果的期望（outcome expectation），前者指的是个人对“组织并执行某项行动用以完成某项工作”这项能力程度的判断，而后者则是对“这项行动可以导致何种后果”的判断。Maddux 认为，Bandura 所陈述的自我效能，必须同时考虑行动结果的价值（outcome value）与行动结果的期望两项心理活动。结果预期（outcome expectancy）指对某项行动与某项行动结果两者间的关联性的主观判断。自我效能预期（self－efficacy expectancy）指对个人自己组织并执行某项行动的可能性的主观判断。

第二节　青年自我价值观的发展

一、青年自我概念的发展

在儿童期自我概念基本上以生理自我的建立为主的基础上，到青少年期，个体的自我概念转向以建立心理自我为主，逐步完成自我的同一与整合。儿童期和青年期两个阶段自我概念的发展：儿童期自我概念的自我知识尚未充分开展；青年期较能明确区分生理与心理的不同，以及主体我（I）

与客体我（me）的不同，青年期逐渐将纵向的过去、现在与将来的自我与横向的主体我、客体我、社会我整合起来，完成自我同一性。

儿童末期自我概念的发展表现在三个方面：开始对人性的特质有深入了解；知道自己的性别与行为；自我的延续性增加，能将自己的过去与未来的自我加以联结。

青少年期进一步深化这三个方面的发展，并且更能自我反思、自我察觉以及开始自我控制，逐渐形成自我同一性。因此，自我概念发展应是青少年人格发展的重要核心工作。主要原因在于青少年期进入心理自我的建立期以及社会自我的建立期，无论是对角色认同、青春期身心生活适应或抽象概念的思维过程，对发展中的青少年而言都是复杂且多层面的。因此，一般而言，青少年自我概念发展，具有下列的特性（黄德祥，1994）：①与认知发展平行。青少年认知发展进入形式运算期，青少年的自我描述较多以个人的信念、动机与人际特征为依据，所做的各项自我陈述也更细密与深入。②发展速度最快。青少年期对自我的看法是人生各阶段自我概念改变幅度最大的一个阶段。在青少年阶段，青少年较关心自己在家庭中的地位及独立程度，自我描述的重点在于自己与其他家人的不同，但未来的职业与角色期望仍以家庭为参照点。到了青年末期，他们较能独立思考，自我概念更加抽象化，开始会以大的社会环境作为思考自我的参考架构或以社会为自我的描述背景。③具有明显的性别差异。在儿童阶段，男女生的自我概念一般都非常接近，但在青少年阶段，由于性别意识的提高与生理成熟度的增加，男女生的自我概念开始有明显的分化，并且各自会以社会对两性的社会规则看待自己与异性的特征，其中青少年男生的自我概念较具有自我满足与成就取向，女生则较具有亲社会与寻求帮助取向。④行为与自我概念并非全然一致。青少年的自我概念并非与其行为表现全然一致，如部分青少年知道追求成就的重要性，却懒于用功读书，因而出现言行不一的现象。青少年的自我往往可以区分为四个相互独立的部分：理想我是自己想要成为的人；真实我是真实情况下的我；知觉我是自己现在所感觉到自我的状况；描述我是个人对他人所做的自我描述。从青春期到成年时期，个体逐渐趋近于自我的整合与同一，自我的四个部分达到同一和谐状态，人格逐渐达到成熟。

二、自我效能的发展

自我效能感的发展一般分为五个阶段（Flammer，1995）：①事件基模（event schema）阶段，看到某个事件，孩子知道某种结果就紧随着发生了；

②因果基模（causal schema）阶段，孩子知道某种行动会产生某种结果；③区分内因与外因阶段，孩子建立“有意识地知道”我如何行动导致何种结果；④“自我察觉”视为类别性自我概念的雏形（self - awareness as the beginning of the categorical self - concept），孩子建立“有自我意识地知道”我如何行动导致何种结果的产生；⑤“控制信念”视为类别性自我概念的一部分（control belief as part of the categorical self - concept），孩子建立“有自我意识地知道”我如何采取行动从而产生自己所期望的结果。

自我效能感的发展有两个重要的心理机制，一个为“有自我意识的”，另一个为“控制信念”。前者强调清楚知觉到“我”的参与，后者是关于“我能”的因果性的信念（Flammer，1995）。在自我效能感的发展过程中，影响自我效能感发展的主要因素包括：①行动经验（performance experiences）的累积。Bandura（1977，1986）认为这是最主要的自我效能感的来源。成功地执行一项行动、完成一项行为（技能）、完成一项工作皆能强化个人在该项行动或工作中的自我效能感。②替代性的经验（vicarious experiences）。观察或模仿他人的行为及行动结果是自我效能感的第二种来源。③语言的说服（verbal persuasion），尤其是重要他人（如父母、师长、专业权威人士）所传递的信息是影响个人的自我效能感的第三种途径，不过这种途径的影响力不如前两种途径的影响力大。④情绪的作用（emotional arousal）。在行动的同时，或获得行动结果的同时，如果有情绪的发生，尤其是知觉到个人生理上的情绪激动状态（包括疼痛、疲劳、松弛等状态），会影响个人的自我效能感的形成（Bandura，1986）。

三、青年自我统合的过程

自我概念（self - concept）是个体对自己的想法与观点、理念（idea）、情感与态度的整体看法，分为正向自我概念与负向自我概念。自我统合（ego identity）是由外表特质、性别角色、社会关系、同伴团体、职业工作、规范、意识形态和心理调适各层面的尝试、探索、选择、反省，而达到统合的结果。自我统合比自我概念在范围上更广泛，因为前者涉及个体发展的长远目标，故较具完整性、更有条理性、更有前瞻性。

自我统合型态的建立遵循以下规律：①身体及性向方面的统合最早形成。②其次是职业、意识形态及道德方面的统合（Logan，1983）。这些方面的统合必须等到青少年的认知发展到形式运算阶段，他们才能去探索多种可能的选择标准及不同的行动过程。统合的重新建构有赖于独立性的发展。探索各种可能的职业是青少年完成高中或大专院校的学业后迫切而现实的要务。③青少年晚期，通常要到青年晚期，尤其是就读大专院校以后，青年才会检视自己的宗教及政治意识形态，但这方面的统合型态可能在几年内还是摇摆不定的（Cote and Levine，1992）。

自我统合型态必须注意三大重要变量：①青少年当中有相当多的人被归为“迷失型”。其中有一些人停留在这种状态。②有些人似乎未曾转变为“未定型”及“定向型”，他们深陷在“早闭型”状态中。③某些特定的人达到“定向型”状态，在数年之后却又退回较低层次（Marcia，1989）。每个人一生当中所历经的发展过程可能会再重复。有人可能在生命的某个阶段获得统合，而后，在完成统合之前，又再经历另一次的“未定型”或“迷失型”（Stephen，Fraser and Marcia，1992）的困惑。

Burke 提出的统合控制系统（identity control system）主张，统合由五个成分组成：个人的社会行为、人际反馈、自我概念、个人的统合标准、比较器。Berzonsky（1997）将统合的追寻方式分为三种：①“资讯型”（informational style）的青少年努力取得分析过的现实资料，必要时则调整自己的行为和计划来与现实配合。这种类型青少年的性格宛如“未定型”及“定向型”。②“规范型”（normative style）的青少年抗拒变动，并拒绝不协调的信息。这种类型的性格和“早闭型”相同。③“退缩型”（avoidance style）的青少年的统合特征最接近的是“迷失型”。他们迟迟不敢下决定，并逃避反馈，即使有所改变，这些变动亦不够深入，而且无法持久。

Higgins（1987）提出的自我落差理论，对于自我的结构进行了清楚的呈现与说明。自我落差理论主张，在青少年时期，个人必须根据不同的观点来评价自己，形成稳定的认同。在这个过程中，个人会期望自我概念与评价标准之间具有一致性，若不一致，则会造成差异，每一种差异都可能会伴随着负向的心理状态。在自我落差理论中，Higgins 呈现两种自我向度，分别是自我范畴（domain of self）和自我立场（standpoint on the self），并以此两种向度来呈现不同的自我状态：①真实我（actual self），个人认定某人（可能是自己或是他人）相信其真实拥有的特质的总合。②责任我（ought self），个人认定某人（可能是自己或是他人）应该、必须拥有的特质的总合。③理想我（ideal self），个人认定某人（可能是自己或是他人）期望拥有的特质的总合。

四、青年自主性价值观的发展

青少年追求自主（autonomy）是一种普遍的心理，在家庭中青少年渴求能够行为自主与情绪自主，他们期望独立与自治。

自主性（autonomy）是指依靠自己的力量实现自己理性选择的目标的愿望和能力。儿童的自主性发展影响其社会适应、个性品质和良好行为的形成和发展（曲可佳、邹晓燕，2006）。研究表明，儿童自主性由三个维度组成：自我依靠、自我控制和自我主张，分别与依赖、任性和从众相对应。儿童自主性产生于3岁之前，但直到5岁时才开始稳定（Yang et al，2005）。

林惠雅（2007）探讨了青少年独立自主的发展问题。青少年时期的独立自主的发展并非一夕而成的。对青少年而言，自我的权力和自由在某种程度上反映了自己所拥有的独立自主的程度（林惠雅，2002；Collins and Repinski，1994；Greenberger，1984），换言之，自我管辖的权限范围与大小代表着独立自主的程度。对青少年而言，亲子之间的冲突常常来自父母管制子女，而子女却要求较多的权力和自由，也就是亲子权限之间的争执。过去有关亲子权限的研究指出，随着子女年龄的增加，父母职权权限降低（Hunter and Youniss，1982）。然而Smetana认为过去的研究将父母职权视为一个整体概念并不适当，事实上，父母职权有不同性质的范畴存在，父母和青少年对于不同范畴的权限的知觉与认定有所不同（Smetana，1983，1988）。

父母与子女在多个范畴存在权限的冲突。首先有个人范畴（personal domain）以及多面性范畴（multifaceted domain），而后又加上友谊范畴（friendship domain）和健康安全范畴（prudential domain）。道德范畴是个人范畴包含公平和他人权力与福利的议题。世俗范畴包含众人所赞许的规范并以此规范人际之间的互动；个人范畴包含仅对子女个人有所影响的议题；多面性范畴则同时包含世俗范畴和个人范畴两种性质的议题；友谊范畴是关于子女选择朋友的议题；而健康安全范畴则是与子女健康安全有关的议题（Smetana，1988，1989；Smetana and Asquith，1994）。

在整个青少年时期，青少年及其父母都认为道德和世俗范畴仍属于父母职权范围内，青少年认可父母应该对此范畴加以规范；同时，青少年及其父母都认为个人范畴属于青少年自我管辖权限。友谊、健康安全范畴究竟属于父母职权还是属于青少年管辖权限则较为模糊。例如健康安全范畴，虽然亲子双方均认为是父母职权，不过父母认为自己所拥有的权限则大于青少年所认定的。随着青少年年龄的增长与成熟，亲子双方均同意扩张青少年自我管辖的权限，然而父母所认定的青少年权限范畴和程度比之青少年所要求自我管辖的权限小得多。亲子双方对于哪些世俗范畴议题而归属父母职权，哪些世俗范畴议题为个人范畴而归属青少年自我管辖权限却有着不同看法。父母认为家事、人际关系、活动规则、外表衣饰、家庭作业等议题均为世俗范畴，然而青少年认为上述议题除了人际关系，其余均属于青少年自我管辖权限。同时，青少年原先认为世俗范畴、多面性范畴、健康安全范畴中的一些议题应属于父母职权范畴内，但随着年龄增长，青少年认为这些议题应属于个人范畴，且拥有自我管辖权限，这也是青少年和父母最常发生冲突之所在。

关于亲子关系，前青少年时期（preadolescence）和青少年早期（early adolescence）的亲子冲突虽然频繁，但强度不大，而冲突议题大都围绕在青少年的房间布置、家务活动的选择与做家庭作业等个人范畴，而青少年早期亲子冲突强度比前青少年时期来得强。这两个时期青少年亲子冲突大都是青少年屈服于父母，但随着年龄增加，青少年让步的情况逐渐减少。除了亲子之间权限所反映的独立自主发展，自我目标设定与自我决策能力的发展也是青少年独立自主的意涵之一（林惠雅，2002）。

Noom 等（2001）提出自主包含三个向度：一是态度自主（attitudinal autonomy），即自主的认知元素（cognitive element），指的是设定自我目标、设定选择的能力、自我决策等；二是情绪自主（emotional autonomy），即自主情绪元素（emotional element），指的是对自己目标的信心，同时具有对他人目标的关心，以及情绪独立于父母同伴的知觉；三是功能自主（function autonomy），即自主的调节元素（regulatory element），指的是发展和选择策略以达成目标的能力和自我控制的知觉。

在青少年早期和中期，态度自主和情绪自主的能力增加，而功能自主则维持稳定，在青少年晚期或青年中期功能自主的能力开始增强（Noom, Dekovic and Meeus，2001）。青少年时期的亲子关系正处于转型之中，而青少年独立自主发展是在持续的依赖与父母情感支持的关系中发展的。青少年在发展独立自主的同时也依赖他们的父母，依赖父母的性质并不是父母不在就无法行使功能。他们的推理和共情能力逐渐增加，使其愈来愈可能理解别人提供意见时的观点。当作决定时，愈来愈有能力了解同时具有的风险、考量可能的后果、咨询专家的意见。

所谓个人事务（personal domain）是指超出道德和社会常规规范，可以由个人自由地、合法地进行选择、决定的行为领域（Killen and Smetana,

1999）。个人事务是相对于道德和社会常规领域提出来的。20 世纪七八十年代开始研究个人事务。个人事务自主与道德和常规制约是作为社会存在的质的两个不同方面，而不是作为一个连续体上对立的两极而共存的。个人事务包括一系列行为，这些行为使得孩子既能建构客体我的感觉，也能建构主体我的感觉。被儿童和青少年看做个人事务的事一般包括：个人的通信、娱乐活动、对朋友和知己的选择、为了表达自我而进行的创造性工作以及关注自身身体状态的行为等。3.5～4 岁的孩子就已初步发展了个人事务自主的观念，而且随着年龄的增长，儿童所持有的个人事务自主观念越来越清晰，年长的学前儿童有可能把个人问题看做应由孩子决定而不是由成人决定。到了 5 岁、6 岁，儿童已经在家里和学前教育机构里发展了较清晰、稳定的个人事务自主观念。随着年龄的进一步增长，儿童要求由他们自己作决定的事情会越来越多。

青少年对个人事务自主决定和选择的要求随着年龄的增长而不断增多，我国学者陈会昌在对 Harris 的群体社会化发展理论进行验证的一项研究中也对青少年个人事务自主观念的发展做了侧面的考察。研究发现，在“买衣服”的情境下，从初一到高二的学生中存在着一种从接受父母影响到接受同伴群体影响，最后到自主决定的发展趋势。其中作出自主判断的人数比例，从初一到高二逐年增长，且各年级之间的差异均达到显著水平。只是到了青少年期，个人事务自主才出现了一些性别差异。

第三节　自我价值观发展的相关理论

一、自我系统的结构

（一）罗杰斯的自我概念

罗杰斯（Rogers C）认为，自我概念的含义可以归纳为四个方面：①个人对自己的了解与看法称为“自我概念”，其中主要包括个人的知觉、意见、态度、价值观等，构成具有独特性的我。②自我观念是主观的，个人对自己的看法未必与自己所具有的客观条件相符合，有的人客观的解决问题能力颇高且颇有成就，但可能在他自己看来却是一个失败者。③个人时时以自我观念为依据，评估自己的处事待人的经验。如所得的经验与自我观念不符合，产生焦虑，焦虑累积过多难免引起情绪的困扰。因此，生活适应良好者多能适当地吸收经验，并调理自我观念使两者相符合。④自我观念可随个人经验的增多而改变，而且由自我概念可发展形成高层的社会我与理想我；前者是一种个人相信别人对自己看法的自我观念，后者是一种自己希望做什么样的人的自我观念。与理想我相对的是现实我，理想我与现实我愈接近，或是理想我是由现实我为基础发展而得者，个人的适应将愈良好，生活也将愈幸福。

（二）詹姆斯的哲学自我理论

詹姆斯（James）将自我分为主体我与客体我两个部分。主体我又称为纯粹的自我，是指个人能体验、思考、感受与认知的主体，是一个行动主体决定行动、适应外界的一组心理历程。只有通过抽象、推理或概念化的途径才能知觉纯粹自我，特别是在事后的反省中去体验，而不能知觉的原因通常是缺乏注意与反省能力。

客体我就是被认知的客体，又称经验的自我，指个人对自己所持有的态度、看法及感情。自我概念是一种外在形象，是个人认定或知觉的对象，是一种客体我。其组成包括三部分：①物质我（material self）。身体是每个人的物质自我最底层的部分，其次是衣物，再次是亲族、家庭，再次是财产等。一个人如失去这些所有物，那么人格的萎缩感便油然而生。因此，物质我主要是指一个人对自己的身体及其特定部分，以及自己的衣物、住房、财产、装饰物等的知觉。②社会我（social self）。个人的社会我来自于得到团体的认同，谁都期盼获得别人的尊重和注意，而从亲友所得到的名声、荣誉，就是社会我的内涵。因此，社会我就是一个人对自己的朋友、自己的荣誉、自己的人际关系的认知。③精神我（spiritual self）。精神我指个人的内在与主观部分，包括心理倾向、思想、感受及行动动机等。精神我居于自我的最高层次并统率全体，所以有些人会为了志趣与理想，而放弃亲友、声誉与财产。

在 James 看来，自我是具有层次结构性的，身体我是基础，社会我高于物质我，而精神我又高于社会我，处于客体我结构中的最高阶层。客体论的三阶层即物质我、社会我、精神我，后来马斯洛所提出的人生五大需要层次理论的观点与 James 的观点相一致。

（三）Jaspers 的哲学自我存在观

Jaspers 被认为是 20 世纪存在主义哲学的代表人物，Jaspers（1932）提出的三种自我存在方式（方永来，1998）如下：①客观存在指人们在各种各样的时空单位中，从事各门学科研究就是把握客观存在。然而科学只是把握真正存在的东西，却得不到统一完整的世界图景。唯有窥测世界存在的哲学，才能超越各门科学的界线。②自我存在指一个人的个体存在，或意识到我们的自我矛盾、愿望、期望等，其中爱、共存、交往、畏惧、自我神话等都是进入自我存在，意识到自我本质的形式。除非是通过克服与超越，我们才能脱离感性事务的时空世界，进入自我存在的真实世界。③自在存在指超越现实世界和认识其他世界的能力。人们为了实现自满自足，必须从自我存在走向自在存在。事实上，只有在实际存在的自满自足遭到失败时，人们才会力求达到超越的本质。

二、关于人的发展的自我理论

（一）弗洛姆的自我影像论

价值的自我就是自我价值。精神学家弗洛姆（Fromm，1997）认为，青年期最重要的课题是寻找和确立一个自我影像。自我影像就是自己对自己的看法，包括：我是一个怎样的人？我能做什么？我该往哪个方向前进？等等。每个人都在做这样的自我探索，希望勾绘出一个清楚、开朗、积极的自我影像。自我是多方面的：生理自我、智能自我、兴趣自我、情绪自我、社会自我以及价值自我。其中，价值自我主要回答下列问题：我的人生目标是什么？我心目中最重要的东西是什么？青少年处在一个动荡不安的主观世界里，很需要找寻一个积极而稳定的自我影像，才不会迷失。

（二）马斯洛的自我实现论

Maslow 需要层次理论犹如自我概念的结构分层，与 James 的客体论很相近，其中生理需求与安全需求相当于物质我，自尊需求与归属和爱的需求相当于社会我，自我实现需求相当于精神我。Maslow 的自我实现说主张，自我实现的需求是实现生命价值的成长需求，其目的是扩展自我的经验、充实自我的生命，并非补偿自我发展的不足，而是把自我引向更宏大的愿景。但是并非每一位成熟的成年人皆能做到自我实现，主要原因是：①自我实现很微弱，容易被更改或消失；②许多人不具备关于他们自己自我实现所需的知识；③由于文化环境对个人的规范而阻碍个人自我实现；④自我实现者是由成长需求而不是由匮乏需求推动的，其发展与持续成长则依赖于自己的努力。

（三）Burns 的自我概念理论

Burns（1982）把自我概念分为正向自我概念与负向自我概念。有负向自我概念的个体往往感到无能，因此认为他人往往持负向观点看他，如他人不会期望他能把事做得好，进而绩效差、依赖他人、顺从他人，并且呈现焦虑状态。如此就形成依照他人期望完成自己的工作与行为的模式，这种不良行为模式对自己的自我概念造成负向影响，一直持续恶性循环，最终导致负向自我概念的发展日趋严重。个体有正向自我概念，相信他人能正向看待自己，期望他能把事做得好，进而绩效好、不需屈服他人、具有创造性，也不焦虑，进而能达成自己的期望以及他人的期望，因此得到他人的积极回馈，这种行为模式又对正向自我概念产生积极作用。

（四）帕克的自我发展理论

帕克（Peck R F）创立自我发展的类型说。帕克把道德品质的动机作为自我发展的核心研究课题，描述了五种人格类型，每一种类型分别代表心理社会发展的一个阶段。他试图用这五种类型囊括所有可能的适应模式。在帕克看来，由于每个人的行为都存在易变性，因此这五种动机模式也就构成了个体人格的组成部分。人们可以按照占支配地位的组成部分来对人格特质分类。

（1）非道德的类型。相当于心理变态人格。这种类型的个体是冲动的、难以管束的、以自我为中心的，这类个体没有内化的道德原则或良心，而是把别人看做满足自己需要的工具。在帕克看来，这种类型人格的行为在生命的第一年是正常的。

（2）权宜类型。相当于自我中心的人格。这种类型的个体也没有内化的道德原则或良心，而是把别人的反应仅仅作为进一步达到他个人目的的手段。当他的个人目标包括有利可图的名望时，他的行为有可能像较高阶段的行为，即表面上遵奉社会规范，但为了对自己有利，有可能破坏规范，而且试图不让人捉住。在帕克看来，这种类型在许多年幼儿童中是常见的，所以他们的行为必须用奖赏和惩罚来控制。

（3）遵奉类型。相当于遵奉人格。这种类型的个体严格遵奉具体的行为准则。一个普遍的内化原则是，群体中其他人怎么做，他也怎么做。当他犯规时，他感到痛苦的不是内疚，而是害臊，害怕别人非难。他具有原始的良心，因此他对犯规感到不安，但他没有抽象的道德原则，也不关心他的行为对别人的影响。如果他既遵循了规则又得罪了人，不会感到内疚，也没有责任心。他能对有些人友好，而对另一些人冷淡。在帕克看来，这种类型在童年的中期和后期，与J·皮亚杰的他律道德相似。

（4）非理性－良心类型。本质上也相当于遵奉人格。这种类型的个体具有内化的抽象的道德原则，当他违背了这些原则时，他会感到内疚。然而，这并非他行为的结果，也不是别人的非难使他痛苦，而是因为违背了他定型了的超我。在帕克看来，非理性－良心类型仍处在像遵奉者一样的发展水平。

（5）理性－利他主义类型。相当于整合的人格。这种类型的个体具有稳定的道德原则，现实地评价他的行为结果，并且按照有利于别人的幸福和自己的幸福来行动。他的良心或超我是坚定的，但他在对待规则时又是灵活的。他能认识到别人的感觉，但他不会因此丧失眼力，从而以别人自居。他具有洞察能力，能正确对待自己。他对工作抱建设性态度，把社会生活看做对共同目标的协同努力。他能判断一个人的特殊行动，而不是把它当做一个整体来欣赏或谴责。他尊重每个人的完善，并对所有人都如此。他是自主的和有理性的，他的情感是适度的，没有非理性的焦虑或内疚。在帕克看来，理性－利他主义的类型是理想化了的类型，很少有人能够达到这一阶段并稳定地保持它。

三、自我发展阶段理论

（一）艾瑞克森的心理社会发展阶段

艾瑞克森（Erikson）在他所提出的人生八个发展阶段中，认为青少年处于自我辨识与自我认定的时期，这个时期亦即是自我对自己的看法、角色任务认定与社会地位形成的重要时期。依照艾瑞克森的看法，青少年时期的发展危机主要与其辨识、认定和形成自我同一性有关。如果个人对自己的了解深入，知道个人应扮演的角色，并知道人生的意义与方向，将有助于个人价值体系的形成，使个人的生活哲学得以建立，并使人生具有方向与目标而不至于产生迷失与混淆。

青少年如果辨识自己顺利即能发展出忠诚的美德，因而能对自己的价值观产生忠诚与信心。同时，也因为有了忠诚的美德，青少年就能发展成较为稳固的自我认同感。不管外界有何挑战及诱惑，青少年将能相信自己或坚持有所为、有所不为。

（二）沙利文的自我发展理论

沙利文的自我发展理论是由C·沙利文、J·D·格兰特和M·Q·格兰特创立的一种自我发展阶段说，又称“人际整合层次”或“一般心理发展”，实际上是一种人格发展理论。

沙利文等模拟了一种人格的核心结构。他们认为，这种人格的核心是按层次发展的，并且具有相对稳定的间隔期。在个体随着这种人格核心的发展而促进了对他人的认识、对自己的认识能力的过程中，个体在自己内部建立起一种唯一能使自己满足的，也能由自己控制的目标、价值与愿望的整合系统。

在自我的每一个连续发展的层次上都存在一个核心问题。

层次1，核心问题是分离的整合。处于这一层次的儿童还不能区分自我和非我，他们对现实、迷信、不可思议的思想、立即得到满足的共生关系及需要等都不理解，也不会有人试图去完成或解决问题。当成人的心理活动处于这一层次时，其人格陷于困难之中，虽然并非全是精神病患者或流浪汉，但有不少人进了精神病医院，或进入诸如流浪汉营地那样的边缘团体。

层次2，核心问题是非我区别的整合。处于这一层次的儿童开始区分人和物的差别，但两者都被看做使自己满足的手段。在他的需要里，倾向于把别人作为工具，既不去意识他们的感受，也不去顾及行为对他们或自己的后果。当成人的心理活动处于这一层次时，其人格不断提出要求，一旦要求得不到满足，就会发怒、焦虑，或表面上显得屈从而内心却郁积一团怒气，但跟别人没有实际的交往或予取，他们把法律、规则和惩罚看做拒绝满足的手段。在这种人的成年生活里，违法和流浪是常见的。

层次3，核心问题是规则的整合。处于这一层次的儿童发现世界是由规则治理的，但认为规则是任意的、独特的，并且是施行控制的手段。当成人的心理活动处于这一层次时，其人格就会把了解别人的行为纯粹作为一种对他自己操作的反映，并寻求最终的绝对社会规则。通过寻求社会规则，确定哪些东西是他所期望的，哪些东西是他必须避免的，以便他能够通过规则来获取他所需要的东西。在这一层次有两种人格类型：欺诈和遵奉。两者都对迅速而又容易满足他们的需要的行为感兴趣，他们都害怕因违反规则而被捉住，因而要么采取欺诈的行为，要么采取遵奉的行为。这样做，一方面可以消除因违反规则而带来的内疚感，另一方面可以给人一种没有问题或心理健康的假象。

层次4，核心问题是反应的个性化。处于这一层次的儿童力求把自己看做不同于规则和不同于具体的人，而不是把自己与规则一致起来。为了体现自己的个性化，他们对自己的行为不免产生紧张、怀疑、迷惑和焦虑不安。当成人的心理活动处于这一层次时，其人格片面追求独特性，凡事标新立异，甚至近乎玩世不恭，但其内心却对自己的行为没有把握，表面的充实和内心的空虚常常发生冲突，结果构成神经质的一种亚类型。

层次5，核心问题是持续性整合。处于这一层次的个体能根据模式来看待自己的行为和别人的行为，具有了区分角色概念的能力。他开始一方面继续扮演角色，另一方面却要从角色自居中解放出来，更好地理解和欣赏别人，把他们作为复杂的个体来反应。但是，既要扮演角色又要从角色自居中解放出来不是一件容易的事。在真正达到角色分工之前，他有可能为自己的角色的模棱两可性而感到焦虑不安，有可能为他所扮演的角色的不相容性而感到心烦。他可能感到泛化，即对他的角色哪一个是“面具”，哪一个是“真我”感到疑惑。

层次6，核心问题是自我一致的整合。处于这一层次的个体具有自我一致的意识，而不管他所扮演的角色是否变动，也就是说，不管他跟别人的关系有无变动。把自我同角色分开，形成成熟的目标和人的关系。

层次7，核心问题是相对性、运动和变化的整合作用。处于这一层次的个体在自己身上和别人身上看到整合过程，增强了他理解和应对那些处于较低层次的人的能力。在这一层次，人格达到了整合。

（三）卢文格的自我发展理论

J·卢文格（Loevinger）是美国华盛顿大学心理学教授，当代西方著名的发展心理学家，曾长期研究自我发展，是发展类型说的代表人物之一。卢文格的自我发展理论可从自我发展的特征、测量的问题和策略、划定阶段和类型的问题，以及自我发展的阶段等四个方面作一概述。

1. 自我发展的特征

卢文格认为，自我发展的基本特征在于它是一个过程，一个结构，其起因于社会，作为一个整体而起作用，并受目的和意义的指导。

自我发展具有以下特征：①自我发展是一个过程。这个过程是运动着的，并在运动中得到平衡。自我发展的过程具有两个显著的特征：其一，过程体现出阶段，从低级的自我水平过渡到高级的自我水平需要经历诸多阶段，阶段之间是连续的，但在连续的变量中间又包含着非连续性。其二，这种非连续性表明阶段与阶段间的相对独立性，它既有量的差异，又有质的差异。从一个阶段过渡到另一个阶段数量方面的差异变量称为“极性变量”，而标志阶段之间具有性质上不同的转折点称为“里程碑顺序”。②自我发展具有结构和类型。这是自我发展区别于其他发展的关键特征之一。自我发展的结构是指它有许多要素或成分，这些要素或成分不是简单地集合在一起的，而是彼此联系，形成一个合理的序列。这些联系的性质可以是空间的、时间的、原因的，也可以是其他别的东西。但在每一种情形里，结构是由要素或成分之间的一系列联系组成的。这些联系提供了一个统一体，并给每种要素或成分以意义，使其成为整体的一个有意义部分。同质要素或成分构成类型，类型是某一阶段的结构区别于另一阶段的结构的同质要素或成分的联系。一旦这种联系被确定下来，就可以通过测量适当地将人的自我发展进行分类，以便用简化的方式表达自我发展的差异。随着成熟和经验的累积处在某一阶段的个体其自我结构中的同质要素或成分出现“极性变量”（即量的变化），引起要素或成分之间的联系发生变化，于是结构也随之发生变化。结构的变化也即自我发展分阶段的过渡，标志个体或者退化到次一阶段，或者发展到高一阶段（即“里程碑顺序”）。③自我发展的基石是人的社会化。人从本质上说是社会成员，其自我发展不等于道德发展、认知复杂性发展，或人际关系的发展，但所有这些发展都存在密切关系，这是因为这些发展的背景是社会，并起源于社会。例如，一个人在发展过程中迟早会出现遵奉自我和公正自我。遵奉自我是对外部规则的反映，如果社会对维护或违背规则的行为不置可否，则遵奉自我也无从建立。同理，公正自我是对社会价值的反映，如果一个人不能摆脱社会奖惩的左右，则他的理想、责任和互惠也就无从落脚，真正的社会赞许的公正也难以达成。所以，研究自我发展首先要研究自我与历史、社会、文化的相互关系。④自我发展具有目的性。一个人的行为不可能由他的认识范围以外的无意义力量所决定，相反，他是在寻求意义和目的的过程中决定行为的。因此，自我发展不能用准机械论或自然主义来解释，也不完全孕育在既往的岁月中和来自本能，而是以目的和意义作为自我发展的出发点和归宿的。

2. 自我发展的阶段

（1）前社会阶段。刚出生的婴儿没有自我，他的第一个任务是学会把自己与周围环境区别开来，形成“现实”的构念，认识到存在一个稳定的客观世界。只有达到“客体是永恒”和“客体守恒”，才能形成一个不同于外在世界的自我。但是处在这一阶段的儿童，自我客体是不分的，他们在很长时间里求助于“我向思考”。

（2）共生阶段。儿童在了解客体稳定性之后，仍有可能认为他与他父母或生活中的一些玩具有着共生的关系。儿童从这种共生现象中，有意义地促进了把自己与非自己区分开来的过程。这里，语言起着十分重要的作用。

（3）冲动阶段。儿童的冲动有助于证实他的独立的同一性。诸如“不”和“让我来做”就是最好的证据。儿童的冲动起初是受到强制性制约的，后来还受到直接的奖惩制约。儿童对其他人的需要是强烈的；其他人是根据他们能够给儿童的东西而受到注视和评价的。儿童倾向于把人分成好人和坏人，但是这种划分不是作为一种真正的道德判断，而是作为一种价值判断。

好和坏常常同大方和小气混淆起来，甚至同干净和龌龊混淆起来，处在这一阶段的儿童，其定向几乎都是现在，而不是过去或未来。虽然他们能够理解身体上的因果关系，但缺乏心理上因果关系的观念。

(4) 自我保护阶段。这一阶段的儿童认识到存在的规则，并学会了期待直接的短时的奖品。然而，儿童的主要规则是“不要挨打”。因此，儿童一方面把规则用于自己的满足和利益，另一方面又要注意自我控制冲动，学会保护自己。自我保护的人具有责备的概念，但他们是从其他人或情形等外部因素来理解责备的。自我批评不是该阶段的特征。如果他承认对做错事负有责任，那么他有可能从不承认是他的责任的那些方面来责备自己，比如“我认为”或“我估计”。

(5) 遵奉阶段。当儿童开始把他的幸福与群体同一在一起时，他迈出了重要的一步。为使这一步发生和加强，必须有一个强有力的信任成分。生活在没有仇恨的环境中，儿童感到信赖；相反，生活在诸如机会主义、私利、欺骗、受人奚落等充满恶意看法的环境中，儿童就不可能形成遵奉。遵奉就是按照规则行事。儿童的道德准则是根据依从规则而不是根据后果把活动确定为正确和错误的。遵奉者重视的是与其他人的友好、帮助和合作，但他是根据外表而不是根据性质来看待这些行为的。比如，当他喜欢和信赖群体内的某些成员时，就会狭窄地规定该群体，而拒绝任何一个外群体。

个体的自我发展达到意识水平，是从遵奉到公正阶段的过渡。遵奉者生活在一个概念上简单、对每个人来说都是正确的世界里。于是，在自我意识水平上，这个人发现他可以选择了，异议也随之而来。意识到选择和异议，为下一阶段要领的复杂性铺平了道路。在自我意识水平上，遵奉阶段的许多特征仍然保持着，虽然儿童对情境中复杂性的鉴别有所增强，但自我意识还没有达到与社会准则相当一致的程度。对内部生活来说，通常还是一些如寂寞、窘迫、自信等含糊感受。

(6) 公正阶段。在公正阶段，一个人第一次发现了被称为“良心”的道德信号，包括长期的自我评价的目标和理想、分化的自我批评、一系列责任心等。规则的内化是在公正阶段完成的。他们服从规则，并不是为了逃避惩罚，也不是因为群体支持这些规则，而是真正为了人自己才评价和选择规则的。在这一阶段，人与人之间犹如兄弟关系；他感到对别人负有责任，感到有责任去促进别人的生活，或者防止别人犯错误。责任和义务的概念发展到正义和公正的概念，他不仅能体验到自己的内部生活，而且能观察到其他人的各种隐蔽情感。由于深刻理解了其他人的观点，人际关系成为可能。

从公正向自主阶段的过渡标志自我发展达到个体化水平。这一过渡是以个体观念的增强和对情绪依赖的关心为标志的。依赖和独立的问题是一个在发展过程中经常发生的问题。这一水平的特征是，人们能够意识到一种情绪的而不是纯实用主义的问题，意识到一个人即使在失去身体上或经济上的依赖时，他还可以作出对其他人的情绪上的依赖。为了超越公正阶段，一个人必须学会容忍自己的别人，增强容忍异议和矛盾的能力。

（7）自主阶段。该阶段的一个独特标志是承认和处理内部冲突的能力，也就是说，承认和处理冲突的需要，冲突的责任心，以及需要和责任心之间的冲突。自主的人有勇气去承认和处理冲突，而不是回避它或者把它投射到环境。一个有说服力的例子就是允许孩子犯错误。自主的人把爱护人的关系作为他的最重要的价值。

（8）整合阶段。又称统整阶段，是自我发展的最高阶段，是指一个人超越了自主阶段的冲突。在卢文格看来，整合阶段是最难描述的阶段，因为它十分罕见，人们难以发现研究的实例。而且，心理学家要想研究这一阶段，他必须承认他的局限性是理解整合阶段的一个潜在障碍。因为研究这个最高阶段可能已经超出他的能力，是他的能力所不可及的。在很大程度上，自主阶段的描述已经包含整合阶段。所不同的是，在整合阶段，同一性的观念得到进一步的加强。

（四）塞尔曼的自我发展理论

塞尔曼（Selman R）创立了一个自我发展阶段理论。塞尔曼把人际观点采择能力视为自我发展的关键要素，并确定了人际关系发展概念中的四个基本成分：主观性（即理解内隐的思想和感情）、自我意识、人格和人际关系的本质。

塞尔曼把自我意识发展分为五个阶段。

（1）自我中心水平。主要是学龄前的儿童。个体知道别人和他一样具有思想和感情，但不能将别人的感情和他自己的感情明显地区分开来。其人际关系既可以用自然的自己和主观的自己来解释，有关思想和感情的问题则借自己行为或表现反映出来。其人际关系既可以用人际关系术语来解释，也可以用自我中心的愿望来解释：一个朋友可以是邻居，也可以是具有好玩的玩具的人。

（2）产生主观观点的水平。主要是小学低年级儿童。个体已经能够将自己的观点和别人的观点区分开来，但每次只能觉察出前后关系中的一个特定的观点。因此，这时的儿童能够理解在一个事件上某个人的观点与自己的观点不同。他们既不承认混合的感情，这种感情意味着一个人会有两种观点，也不承认观点间的相互影响。他们可以互不考虑对方的感觉。

（3）产生反省观点的水平。主要是小学高年级儿童。个体每次都可以接受一人以上的主观观点。他们理解了相互关系，不仅一个人的行为影响别人的感情，而且两个人的意图和感情也可能彼此发生影响。这样，他们就有可能根据别人的观点来剖析自己，从而形成自我意识。而且，一个人在一个事件上可能不止一个观点，这样就可能使他们体验到内部矛盾。这时，一个人在别人面前表露的形象，可能不是他实际的或真正的自己。例如，朋友是那些彼此合得来的人。

（4）产生第三者观点的水平。一般是青少年。个体已能理解他所不感兴趣的旁观者的观点。通过理解外部观点，儿童既能对别人的主观感觉进行反应，又能看到别人对他的主观感觉作出反应，这就开创了从相互关系走向共同兴趣的道路，从认识自己到反省自己的社会活动的发展过程。儿童现在看到的人不只是特定活动的连续体，而是带有概括化特质的人格。正因如此，这时的友谊是一个不会因小小的冲突而破裂的人格化关系。

（5）产生定性观点的水平。在青年期，人格和人际关系被看做具有深度和复杂性的，人被看做具有不同的特质、态度和价值的。人际关系从质的方面区分，可有两种不同的情况，一种是深奥的，另一种是表面的。而且，个体可以在不同的意识水平上操作，假设一种抽象的或假想的观点，例如社会体系的观点或法律体系的观点。在这一水平上，亲密的友谊关系意味着共享私人的秘密。

在塞尔曼的理论中，个体的概念和人际关系的概念合并在一个复杂过程之中，两者的相互关系被看做人格结构的一部分，而个体的主观感受则取决于他与其他人的相互关系。

第五章 青年人格价值观的发展

第一节 人格理论

人格是一个具有丰富内涵的概念，其中反映了人的多种本质特征。人格是个人在适应环境的过程中所表现出来的系统的独特的稳定的反应方式，它由个人在其遗传、环境、成熟、学习等因素交互作用下形成，是构成一个人的思想、情感及行为的特有的统合模式，具有很大的稳定性。人格有两种含义：一是个人在各种不同场合表现出相当一致性的行为特质；二是个人有自己独特的性格，不同的人即使在相同的情境下行为表现也会有个体差异。

一、人格特质论

美国心理学家奥尔波特（Allport G W，1897～1967）最早提出人格特质学说。他认为，人格是个人特质的独特组成，是决定人与环境的互动模式。特质是一种持续的元素，被使用在解释不同情境下一个人行为的一致性。性格包括两种特质：一是个人特质，为个体所独有，代表个人的行为倾向；二是共同特质，是同一文化形态下人们所具有的一般共同特征。

奥尔波特首次提出人格特质理论。他认为，人格特质是个体间人格差异的指标，可以把人格特质分为两类：共同特质和个人特质。共同特质是某一社会文化形态下，大多数人或一个群体所共有的、相同的特质。个人特质是个体身上所独具的特质。个体特质依其在生活中的作用分为：首要特质、中心特质和次要特质。首要特质是一个人最典型、最概括的特质，影响到一个人的各方面的行为。中心特质是构成个体独特性的几个重要的特质。次要特质是个体一些不太重要的特质，往往只有在特殊情况下才表现出来。

美国心理学家卡特尔根据奥尔波特的观点，将众多的性格分为两类特质，提出了基于人格特质的一个理论模型。该模型分成四层：①个别特质和共同特质。②表面特质和根源特质。表面特质是指从外部行为能直接观察到的特质；表面特质只反映一个人外在的行为表现，是直接与环境接触、常随环境变化而变化的，不是特质的本质。经研究，他把性格概括为35种表面特质。根源特质是一个人整体人格的根本特征，每一种表面特质都来源于一种或多种根源特质，而一种根源特质也能影响多种表面特质。③体质特质和环境特质。在根源特质中可以进一步分为体质特质和环境特质两类。体质特质由先天的生物因素决定，而环境特质则由后天的环境决定。④动力特质、能力特质和气质特质。动力特质是指具有动力特征的特质，它使人趋向某一目标；能力特质是表现在知觉和运动方面的差异特质，包括液体和晶体智力；气质特质是决定一个人情绪反应速度与强度的特质。卡特尔通过多年的研究，找出16种根源特质，它们是乐群性、聪慧性、稳定性、支配性、怀疑性、兴奋性、有恒性、敢为性、敏感性、幻想性、世故性、忧虑性、实验性、独立性、自律性、紧张性。根据这16种各自独立的根源特质，卡特尔设计了卡特尔16种人格因素问卷量表（16PF），利用此量表可判断一个人的行为反应。

现代人格特质理论主要有：三因素模型、五因素模型、七因素模型以及九因素模型。

三因素模型：艾森克（Eysenck H J，1916～1997）依据因素分析法提出人格的三因素模型。这三个因素是：外倾性、神经质、精神质。外倾性表现为内外倾的差异；神经质表现为情绪稳定性的差异；精神质表现为孤独、冷酷、敌视、怪异等偏于负面的人格特征。

五因素模型：塔佩斯（Tupes，1961）运用词汇学的方法对卡特尔的特质变量进行了分析，提出五个相对稳定的因素：外倾性、宜人性、尽责性、神经质或情绪性、开放性。①外倾性：主要指好交际还是不好交际，爱娱乐还是严肃，感情丰富还是含蓄。高分的特征主要表现为热情、爱社交、果断、活跃、冒险、乐观、沟通主动、开拓等。外倾性的人适合要求主动与外界打交道的工作，例如某些开拓型的销售、商业推展、媒体宣传、社交组织等工作。②宜人性：主要是指热心还是无情，信赖还是怀疑，乐于助人还是不合作。高分的特征往往有信任、利他、直率、谦虚、移情、有同情心、善于倾听、易于与人共鸣、对他人耐心、善于接纳他人等。宜人性是所有需要和人打交道的职业所要求的特质，宜人性强的人适合从事某些销售（特别是需要耐心细致的倾听的销售）、医护、教育、社区、人事行政管理、服务类工作。③尽责性：主要指有序还是无序，谨慎细心还是粗心大意，自律还是意志薄弱。高分的特征主要有乐于担当、公正、有条理、尽职、负责、寻求成就、自律、细心、谨慎、克制等。尽责性是所有职业、工作所要求的人格品质，和工作绩效有显著的关系。尽责性强的人更适合管理工作、事务和财务型工作、要求标准比较高或对他人和事务非常负责任的工作以及自律要求很强的工作，例如科学研究与技术开发、调研策划、设计。④神经质或情绪性：主要指情绪的稳定性，是爱烦恼还是平静，是有不安全感还是有安全感，是自怜还是自我满意。低分的特征往往有焦虑、敌对意识、压抑、爱冲动、脆弱等。高分的人往往能处变不惊、冷静镇定、从容面对困境。情绪稳定性是许多职业所要求的品质，情绪稳定性高的人往往工作绩效高而稳定，更适合诸如管理、公共关系、服务、行政人事、外交等工作。⑤开放性：主要指是富于想象还是务实，是寻求变化还是遵守惯例，是自主还是顺从。高分的特征主要表现为有想象力，善于审美，情感丰富，寻求变化、创造、智慧，不僵化刻板，对外界保持好奇和乐于接受的心态等。开放性特质强的人较适合研发、市场调研与策划、创意设计、多方面协调统合、需要频繁变更环境的工作。

七因素模型：特里根用不同的选词原则获得人格的七个因素，即正情绪性、负效价、正效价、负情绪性、可靠性、宜人性、因袭性。

九因素模型：九型人格的理论核心是发现自己，准确地说，就是发现自己内在的动力，了解自己与别人的内心动力的不同。九型人格按照古老的图腾的九个角度展开，揭示了九种不同的内心动力，每个人天生都是独一无二的个体。①完美型。这类人追求不断进步，是典型的完美主义者。具有忍耐、有毅力、守承诺、贯彻始终、爱家顾家、守法、有影响力的领导、喜欢控制、光明磊落的特质。②助人型。这类人有追求服侍的特征。具有温和友善、随和，绝不直接表达需要，婉转含蓄、好好先生（小姐）、慷慨大方、乐善好施的特质。③成就型。这类人追求成果，具有自信、活力充沛、风趣幽默、满有把握、处世圆滑、积极进取、美丽形象的特质。④艺术自我型。这类人追求独特，易受情绪影响，倾向追求不寻常、艺术性而富有意义的事物，多幻想，认为死亡、苦难、悲剧才是极具价值和真实的生命，对美感的敏锐可见于独特的衣着，对布置环境的品味显出他的独特性，极具创造力，过分情绪化，容易沮丧或消沉，常觉生命是一个悲剧，对人若即若离，怕亲密的关系令人发现自己不完美就会离他而去。⑤智慧思想型。这类人追求知识。冷眼看世界，抽离情感，喜欢思考分析，求知欲强，但缺乏行动，对物质生活要求不高，喜欢精神生活，不善表达内心感受；想藉由获取更多的知识来了解环境。面对周遭的事物，他们想找出事情的脉络与原理作为行动的准则。有了知识，他们才敢行动，也才会有安全感。⑥忠诚型。这类人追求忠心。具有忠诚、警觉、谨慎、机智、务实、守规、维持纪律的特质。⑦活跃开朗型。这类人追求快乐。快乐热心、不停地活动、不停地获取、怕严肃认真的事情、多才多艺，对玩乐的事非常熟悉，亦会花精力钻研，不惜任何代价只要快乐，以嬉笑怒骂的方式对人对事。⑧领袖能力型。这类人追求权力。具攻击性、自我中心、轻视懦弱、尊重强人、为受压迫者挺身而出、冲动、有什么不满意当场发作、主观、直觉等特质。⑨和平和谐型。这类人追求和平。温和友善、忍耐、随和、怕竞争、无法集中注意力，有时像梦游，不到最后一分钟不会完工，非常依赖别人的提醒，注意力集中在细节、次要的事，对大多数事物没有多大的兴趣，不喜欢被人支配，绝不直接表达不满，往往阳奉阴违。

与九种类型的人格特征相适应的生活模式与动物相比如下：

（1）改革者。成熟/顺境时→蚂蚁：做足一百分；未成熟/逆境时→猎狐狗：挑剔，愤世嫉俗；生命中最大的挑战→总是执著于对与错。

（2）帮助者。成熟/顺境时→短腿猎犬：慷慨，为他人着想；未成熟/逆境时→波斯猫：以为自己不能取代；生命中最大的挑战→用自己的爱去换取别人的接受。

（3）促动者。成熟/顺境时→鹰：有干劲；未成熟/逆境时→孔雀：操纵性强；生命中最大的挑战→拼命去找成就感，在物质世界里迷失自己。

（4）艺术家。成熟/顺境时→黑马：见解独特，有创意；未成熟/逆境时→卷毛狗：情绪化；生命中最大的挑战→特立独行，与众不同。

（5）思想家。成熟/顺境时→猫头鹰：有深度，分析能力强；未成熟/逆境时→狐狸：贪婪，不知足；生命中最大的挑战→空想，不付诸行动。

（6）忠诚者。成熟/顺境时→羚羊：忠心耿耿；未成熟/逆境时→白兔：焦虑，惊惧；生命中最大的挑战→猜疑，畏首畏尾。

（7）多面手。成熟/顺境时→蝴蝶：热爱生命；未成熟/逆境时→猴子：不能脚踏实地；生命中最大的挑战→太过于自我，没有深度。

（8）指导者。成熟/顺境时→老虎：天生领袖；未成熟/逆境时→犀牛：霸道，控制欲强；生命中最大的挑战→挑战欲、控制欲过强。

（9）和事佬。成熟/顺境时→海豚：爱好和平；未成熟/逆境时→大象：得过且过；生命中最大的挑战→随波逐流。

二、人格类型说

20世纪三四十年代在德国产生了一种人格理论，主要用来描述一类人与另一类人的心理差异，即人格类型（personality type）的差异。人格类型理论有三种，即单一类型理论、对立类型理论、多元类型理论。

（一）单一类型理论

单一类型理论认为人格类型是依据一群人是否有某一特殊人格来确定的，美国心理学家佛兰克·法利（Frank Farley）提出的 T 型人格就是单一型人格理论。T 型人格具有冒险、好刺激的人格特征。依据冒险行为的积极与消极的性质，法利又将 T 型人格分为 T+型和 T-型。如果冒险行为是朝健康、积极、创造性和建设性的方向发展，就是 T+型人格；如果是破坏性和消极的刺激行为，则被视为 T-型人格，如酗酒、吸毒等反社会行为。又接着进一步细分 T+型人格。在 T+型人格中，依据活动特点又将其分为体格 T+型，如挑战极限运动员通过身体运动来实现追求新奇、不断刷新纪录的动机。而从事科技创新的科学家或思想家被称为智力 T+型，如爱因斯坦等在知识领域的探索和创新。

（二）对立类型理论

人格类型包含了某一人格维度的两个相反的方向。A-B 型人格是这一理论的代表。福利曼和罗斯曼（Friedman and Rosenman，1974）描述了 A-B 人格类型，近年来，人们在研究人格和工作压力时，常使用这种人格类型。A 型人格的主要特点是性情急躁，缺乏耐心，外向，动作敏捷，说话快，生活常处于紧张状态，社会适应性差，属不安定型人格。具有这种人格的人易患冠心病。对冠心病患者的调查发现，A 型人格的人数是 B 型人格人数的两倍。B 型人格的主要特点是性情不温不火，举止稳当，对工作和生活满足感强，喜欢慢步调的生活节奏，属于安定型人格。

内-外倾人格理论主张，外倾的人把注意力集中在和他人的相互交往中，总是十分活跃和开朗，对周围的一切都很感兴趣，易受情感支配，不拘泥于小事，反应快，比较轻率。内倾的人喜欢探究和分析自己的内心世界，优柔寡断，深思熟虑，孤僻，常有某种提防戒备心理，不愿抛头露面。每一种性格类型都有发展为某种神经症或精神病的可能。外倾的人容易患癔病，内倾的人容易患神经衰弱。这些病症来源于严重的压抑，通常由外界的巨大压力所诱发。纯粹的内倾或外倾的人是没有的。每个人在不同程度上都有内倾-外倾这一对立的态度，只不过是某一种比另一种表现得更为显著而已。大多数人都属于介于内倾和外倾之间的中间类型，往往在某时某地因某种情境的影响而表现出一种态度占优势。例如，一个偏内倾的人，在他深受感动的情境中，会变得非常惆怅和坦率。

内外控制点理论主张，控制倾向是指个体认为可以在多大程度上把握和控制自己的行为，这种倾向分为内控与外控两种情况。罗特（Rotter J B，1966）认为某个结果更多地依赖于个人控制（内控）或者更多地依赖于外界因素的控制（外控），比如运气、命运或者有权力的他人。也就是说，控制源（locus of control）是指人们考虑他们控制自己命运的程度所形成的态度。内控者能够看到自己的行为与后果之间的一致性，把行为的结果解释为由自己的行为所致和控制（即“我是造成成功或失败的原因”），并体会到控制感；而外控者则往往把行为的后果归为机遇、运气，或自己无法控制的力量（即“别的事或其他人造成了成功或失败”）。这种对事物控制感的不同又称为心理控制点的不同。通常，心理控制点倾向会随环境条件的变化而发生变化，当面对可控制性很高的事件时，多数人都会变得内控；当面对可控性较低的事件时，内控者比外控者知觉到更高的控制力。王登峰、甘怡群（1994）的研究表明，男性比女性有较高的内控倾向，且男性比女性知觉到更大的控制力。

（三）多元类型理论

Fromm（1941）提出五种人格类型：①接纳型人格的人喜欢加入人群，容易接受权威；②剥削型人格的人往往可以为达到目的而不择手段，善于利用他人成全自我利益；③吝啬型人格的人自私，一心只想占有，而不愿付出；④交易型人格的人考虑交换利益，付出一分就必须获得回报；⑤生产型人格的人会视情况而成为接纳型、剥削型、吝啬型、交易型，是非常富有弹性的类型。

气质类型说是罗马医生盖伦确定的气质类型，源于古希腊希波克里特的体液说（黏液、黄胆汁、黑胆汁、血液）。据此提出四种气质类型：胆汁质、多血质、黏液质、抑郁质。古代所创立的气质学说用体液解释气质类型虽然缺乏科学根据，但人们在日常生活中确实能观察到这四种气质类型的典型代表。这四种气质类型的名称曾被许多学者所采纳，并一直沿用到现在。① 胆汁质类型的特征是好冲动，情感发生快、强烈而持久，动作迅速而强烈，对自己的言行不能控制，反应速度快，但不灵活。具有这种类型特征的人，在情绪反应上易受激惹，情感一旦发生就很强烈，久久不能平静，易向别人发脾气，性情暴躁、易怒，情绪不能自制。在行为方面的表现为：积极参加各种活动，有创新精神，工作积极，遇到困难时能以极大的毅力去克服困难。胆汁质的不良表现是：缺乏自制性、粗暴和急躁、易生气、易激动。这种类型的人要注意在耐心、沉着和自制力等方面的心理修养。②多血质类型的特征是情绪不稳定、情感的发生迅速而易变，思维语言迅速而敏捷、活泼好动。在情绪反应上表现为：快而多变，但不强烈，情感体验不深，但很敏感。在行为方面表现为：活泼好动、机敏、爱参加各种活动，但常常有始无终。该类型的人适应性强、善于交际，待人热情，学习上领会问题快，但也表现出轻率、不忠诚等。该类型的人要注意在刻苦钻研、有始有终、严格要求等方面的心理修养。③黏液质类型的特征是性情沉静，情感发生缓慢而微弱，不外露，动作迟缓，易抑制，沉默寡言。该类型的人在情绪方面表现为：沉着、平静、迟缓、心境平稳、不易激动，很少发脾气，情感很少外露。在行为方面表现为：沉默寡言、面部表情单一，胸怀宽广，不计小事，能委曲求全，自制力强。在活动中表现为：有条有理、深思熟虑、坚韧不拔。这种人容易形成勤勉、实事求是的精神、坚韧等特征，但也可能发展如委靡、迟钝、消极、怠惰等不良品质。④抑郁质类型的特征是性情脆弱、情感发生缓慢而持久，动作迟钝、柔弱易倦。具有这种类型特征的人在情绪方面表现为情感不易老化，比较平静，不易动情，情感脆弱、易神经过敏，容易变得孤僻。在行为方面表现为：动作迟缓，胆小、不喜欢抛头露面，反应迟钝。这种人易形成伤感、沮丧、忧郁、深沉、悲观等不良心理特征。

在现实生活中，往往是多种气质类型的特点集中在某个人身上，但常以一种类型特点为主。人的气质类型可以通过一些方法加以测定。但仅仅属于某一种类型的人很少，多数人是介于各类型之间的中间类型，即混合型，如胆汁－多血质，多血－黏液质等。

德国心理学家斯普兰格（Spranger E）从文化社会学的观点出发，根据人认为哪种生活方式最有价值，把人的性格分为六种类型，即经济型、理论型、审美型、宗教型、权力型、社会型。①经济型。个体注重效用、收益、耗费比较等，一切以经济观点为中心，以追求财富、获取利益为个人生活目的。实业家多属此类。②理论型。以探求事物本质为人的最大价值，但解决实际问题时常无能为力。哲学家、理论家多属此类。③审美型。个体欣赏艺术作品，观赏风光、花鸟鱼虫，以感受事物美为人生的最高价值，他们的生活目的是追求自我实现和自我满足，不太关心现实生活。艺术家多属此类。④宗教型。把信仰宗教作为生活的最高价值，相信超自然力量，坚信永存生命，以爱人、爱物为行为标准。神学家是此类人的典型代表。⑤权力型。以获得权力为生活的目的，并有强烈的权力意识与权力支配欲，以掌握权力为最高价值。重视人与人之间的互相支配、管理、组织协调等，集中体现着团队精神、忠诚、信任等权力价值。政府官员、企业经理以及领袖人物多属于此类。⑥社会型。重视社会价值，关注他人的快乐，关注健全的人际关系，关注社会福利,关注道德,以爱社会和关心他人为自我实现的目标,并有志于从事社会公益事务。文教卫生、社会慈善、社会工作等职业活动家多属此类型。

这六种价值观恰好组成彼此对立的三组。一是理论价值对审美价值。它们都是用来衡量外界事物在内心形成反映时的价值。前者以“真”为本，后者以“美”为本；前者付诸理性，后者付诸感性；表达认识成果用科学语言，表达审美结果用艺术语言。二是宗教价值对实用价值。它们都是关于物质财富价值，或者社会行动（比如战争、商业行为、缔结婚姻）价值的判断。只不过前者要求人们放弃财富，或者不寻求具体事件的成败，是以否定的方式来体现这些价值的。后者要求人们追求财富，追求成功。三是政治价值对社会价值。在社会组织生活中，我们经常遇到“人”与“事”的矛盾。大家一起去做事，必须服从命令听指挥，必须发挥团队精神，个人好恶不受重视。但人们生活在一起，肯定又有社交方面的需要，有情感方面的需要，不可能置人际关系的好坏于不顾。

阴阳五行说是根据我国传统文化划分类型。春秋战国时的医书《内经》按阴阳五行强弱把人分为太阴、少阴、太阳、少阳、阴阳平和五种类型。

三、青少年人格价值观的分类

关于人格与价值观之间的关系，一般认为，人格与价值观都表现个体差异，都具有跨越情境的普遍性和跨越时间的稳定性。由于价值观与人格之间存在这些共同特点，可以把人格和价值观统合起来作为一个研究领域。在中国传统文化中，存在着诸如“圣人”等理想人格的标准，这些标准就是人格价值观的反映。在西方人格研究的文献中，也有研究者提出人格价值观问题。例如 Dollinger（1996）提到，“大五”人格理论中的“开放性”与个体的价值观之间就存在密切的关系。但是这种关系受到个体的家庭因素、环境因素以及宗教意识的制约。他还指出，价值观与人格之间的关系并不是孰高孰低的等级阶层关系，而是彼此之间有一方能够良好地预测另一方的共变性关系。可见，人格价值观是一个人格与价值观的同一整合体，是关于人格特质和人格类型的好坏的判断标准，引导个体人格发展的历程。

根据个体发展的需要，可以把人格价值观分为以下几种类型。

（一）功利人格价值观

这是一种具有功利色彩或以功利目的为主的人格价值观。功利主义（Utilitarianism），也译为功用主义、效益主义和效用主义等，强调人的行为的功利后果和对他人、对社会的普遍效用，并以此作为对人的行为道德价值判断的价值观。青少年树立的自我人格发展的动机具有明显的功利目标，以实现个人功利需求作为提升魅力的出发点和落脚点。功利人格价值观又可以分为行为功利和规则功利两类。行为功利强调根据具体情况下的具体行为所产生的效果来确证一个行为的正确性。规则功利强调人的行为的道德价值要根据这一行为与某类具有普遍意义的规则是否具有一致性来加以评价。

（二）社会人格价值观

这是一种把个人发展目标同社会发展目标统一起来，以社会发展目标确定人格形态的价值观。特点是把正确的个人发展目标与社会发展目标一致起来，同一种群体中多数成员具有的心理特质和性格特点被称为社会人格特征。最早明确提出社会人格概念的是法兰克福学派的E·弗罗姆。他把社会人格看做一个集团的大多数成员性格结构的核心，是这个集团共同的基本经验和生活方式的反映。不同性别、年龄、民族、文化、阶级和阶层的人们构成了不同的群体，都具有他们独特的心理和人格。社会人格就是依附于群体生活，在群体生活过程中形成并在多数群体成员身上得到体现的人格特点。社会人格一方面建构在个人的人格基础上，同时又是多数人共同具有的人格特点。它作为一种共性的特质隐藏在个人的人格深处，成为对个人人格起作用的深层力量。正是由于这种在多数成员中起作用的深层力量，才把分散的个人人格聚集为一体，形成一种特有的、具有共同特质的社会人格。

（三）道德人格价值观

道德人格即研究人格的道德方面，道德人格是人格的组成部分。道德人格也是自我的重要组成部分，是形成自我的条件，是自我的完善和道德发展的基础。这种价值观从道德的层面上理解和认识人格发展的重要意义，认为道德和人格都是以个人自律和社会舆论评价的方式调节人与人、个人与社会之间的相互关系的方式。人格发展应遵循道德发展的要求。人的道德需要，是人自身的发展与完善和人类社会的发展与完善相统一的需要的产物。没有道德需要就没有个体进行道德认知活动的主动性和积极性，重视并引导个体的道德需要，是提高道德认知的积极性，提高个体对外部道德文化信息的接收效率的关键。

关于道德人格的形成与发展，Blasi 的研究最为突出（郭本禹、王云强，2009）。Blasi 确定了四类心理同一性，基本描述了从儿童晚期到成人期道德人格的发展，并阐述了个体道德同一性在其人格中的重要程度，以及个人具有此类同一性的程度。①社会角色同一性。自我感散布于一个人的行为、角色和关系之中，并通过简单的特质加以描述。同一性是根据外部特征，如体貌、一个人拥有的关系来界定的。例如，真诚意味着以通常的方式行为或在行为中表现出真实，但是作为一致性中心的自我的“内核”还未确立。②观察到的同一性。自我从行为中提取出来，并从其他心理过程中浓缩、剥离和分化。它可被称做一个完整的整体，由内部的、先天倾向性的、不可改变的心理特质组成。“真实的自我”是内在的、不受他人影响的，且有自发的情绪和感受。在这一阶段，真诚意味着以与真实的内部自我感相一致的方式行为。③同一性的管理。自我仍然是内部的心理实体，但不包括太多的自发思维和感受，而是包括价值观、理想和承诺。此时，真诚意味着以足以反映感受到的承诺的方式行为。同一性不是“先天性倾向”或被观察到的东西，而是在行动中达成的。一个人具有责任和职责，根据理想来塑造自我。如果行为与承诺和理想相矛盾，那么自我就是背叛的。④作为真实性的同一性。自我面临着关于一个人的目的、承诺、理想和信念的确定性的丧失。人们认识到，一个人具有相互冲突的理想和目标。一个人试图将自我从传统的观点和原型中解放出来，以保持独立性和自我完整性。自我的一致性现在是通过以下方式完成的：朝向自我和世界的“广阔的胸怀”，对经验的开放，以及愿意确认责任以认识关于自我和世界的本质。

Blasi 认为，在个体道德人格中，道德的意志特征是核心。因此，他又以道德意志的发展来分析道德人格的发展，把道德意志的发展划分为七个阶段。

阶段 1：儿童经常体验到相互冲突的欲求，但是他们不能将自己与这些欲求区分开来或对这些欲求进行选择。他们的有意行为遵循的是更为直接或迫切的欲求。这时不存在意志。

阶段 2：基于关于先前欲求满足的记忆，儿童希望再次体验某一具体的经验，从而从事某种行为。在追求自己喜好的欲求得到满足的过程中，儿童开始形成意志：他占有现有的欲求，并将其置于自己的控制之下。他的意志是具体的，而且只针对于当前体验到的欲求。

阶段 3：意志逐步扩展，它在越来越多的具体情境中占有越来越多的具体欲望。儿童意志的特征是极度零散化。

阶段 4：行为和欲求的范畴成为意志的对象。意志有点条理化。即使如此，意志仍未完全脱离具体经验的水平。道德追求是存在的，但仍然是具体的、没有分化开来的。道德意志是很少的。

阶段 5：价值范畴从善和美等具体的欲求中抽象出来。许多人开始认可并接受道德价值和其他价值。道德意志与其他意志相互竞争。道德是自我概念的一个方面。

阶段6：有些人希望某些具体的道德追求成为普遍的，尤其是当这些追求与被拒绝的欲求相冲突时。道德追求成为真实的品质，并使得个人生活的方方面面井然有序。可以说这些人具有了道德品格，但是，重点仍在于避免被拒绝的欲求。所以，常人的生活和自我概念还是根据各种欲求和价值来界定的。

阶段7：对有些人来说，特定的品德或一般的道德追求成为基本的关注内容，道德意志围绕这些品德进行建构。同时，这些人对道德的“全心全意的承诺”产生了核心同一性和整体的意志。对他们来说，以不完全道德的方式行事是不可思议的。

Blasi尤其强调两点：一是道德人格或道德意志的发展离不开认知和动机系统的发展。如果没有这两个方面的发展为基础，道德人格或道德意志的发展是不可能的，尤其是阶段3到阶段4的发展。要实现这一转变，在认知方面，儿童要形成行为和经验的范畴，并标之以“好的”、“坏的”等；在动机方面，儿童要重视事物的某些内在价值，这是儿童理解客观价值及其规范的基础。二是这些阶段并非对每个人都是必需的。前五个阶段是所有儿童都共有的，作为正常心理发展的一部分，根据稳定的欲求和价值形成某种意志及其结构。

（四）精神人格价值观

这种价值观把满足个人的精神需求与个人发展目标结合起来。个体往往追求精神诉求的满足，崇尚人类文明的进步与先进文化，注重追求美好事物的体验。例如，精神人格价值观的个体可能表现在民间信仰方面。民间信仰以对灵魂的崇拜、对鬼神的信奉为基础，体现在人们的生活习俗中，通过各种形式，实现信仰活动。按各类信仰表现形式和祈求目的，可以分为原始信仰、祖先信仰、巫术信仰三大类型。

具有民间信仰人格价值观的个体可能通过特定的仪式，进行信仰教义的传播，宣传民间信仰的禁忌和戒律，实现思想感情的融洽，言语行为的规范，并且改变自己的思想、品质以及行为方式。

当前青年人格价值观教育中，图腾信仰、祭典祖先活动都是传统文化教育。通过讲述图腾神话，歌颂图腾的功能，祈求祖先保佑，其传统文化教育功能就是使图腾神话代代相传，深入人心，促进民族成员增强民族认同，使同族成员都愿为本民族兴旺发达效力。此外，民间信仰中性关系的规范、禁忌和戒律教育也能够促使青年认识到，只有通过成年礼仪式的人才具有性关系交往资格，性行为必须符合伦理道德规定，必须承担家庭和社会责任。

第二节　中国传统的人格价值观

一、人格价值观与理想人格

理想人格是指人的理想化的个性特征与精神品格，它是一个表征人的人格发展最佳状态的主体性范畴。理想人格是人们学习的楷模和追赶的榜样，因此理想人格的内涵就是人格价值观。

中国社会自古以来就关注人文教化和理想人格塑造。孔子、老子、庄子与禅宗为传统价值观中理想人格的不同类型的理论代表。西方文化对理想人格的设计与中国有很大不同。其中古希腊时期的文化崇尚知识和智慧，认为“知识就是道德”，因而那时盛行的是智慧中心主义的理想人格模式。中世纪欧洲的理想人格是基督教神学所倡导的宗教道德型的人格模式。随着近代工业革命和科技革命的产生，西方人坚信“知识就是力量”，高度重视科技教育的发展，这时期的理想人格可以说是一种片面智慧力量型的人格模式。进入现代以后以尼采的超人哲学和“酒神精神”为标志，片面意志力量型人格又成为西方社会流行和推崇的一种人格模式。总的说来，西方文化中的理想人格设计偏重于智慧成长和意志独立品质养成，它使西方人普遍追求自由平等、个性发展、冒险成功与自我实现，从而推动了西方社会的现代化进程。

二、中国传统的人格价值观

中国社会自古以来就关注人文教化和理想人格塑造。儒、墨、法三家所设计的入世型，道家所设计的游世型，佛家所设计的出世型都是我国古代理想人格的典范。具体而言，孔子是道德意识的倡导者，强调承担责任的君子型态，老子是有见于人性浇薄的智者型态，提出无为守弱的处世智慧，孔子、老子皆是入世的型态，两者可以互补。庄子以神仙似的逍遥意境作为价值追求的目标，对于社会需要不屑一顾，是一个出世的价值型态。佛教以其轮回观作为生命的认知，因此追求在无尽的生命历程中去染求净的智慧体悟，世界是一个缘起的无尽，本体是一个性空的实相，这反映了成佛修行者的理想人格。

作为中国传统意义的知识分子，都有承担天下奉献己生的志趣，唯有能具备对人性现象与生命意义深透了解的人，才能够在保持操守及与环境互动中取得平衡，而这样的人物，才是真能随时代的进步有所贡献的人，这样的理想人格是需要锻炼培养的。理想的人格一方面表现为理想人物的生活方式，另一方面表现为其哲学观念和价值观。

（一）孔子的君子人格型态

孔子在中华传统价值观的塑立过程中建构的是积极入世、承担责任的“君子理想型态”。所谓君子，必须以在社会机制中担任职务处理公共事务为目标，同时必须有充分的德性自觉，修养自己并教化百姓，这样的人生风貌也显现在孔子自己的一生写照中，虽然他为官的时间不长，但是他仍不断争取实现抱负的机会，并且对于已经为官的弟子又不断地告诫施政的道理，可谓从未放弃对公众事务的关心。

仁德是君子人格内心丰沛不断的普遍的人性关怀价值观，礼是仁落实在生活事务的规范原则，仁必落实为礼，唯有在礼的遵守中那个质朴的仁心才能在人际关系之间获得恰当的表现，当然在现实事务上因为各种情况的差异与变化，也应有顺应情势的处理方式。总之，孔子的仁德与礼治的两端建立了中国传统君子人格的基本图像，形成最正面最明确的理想人格型态。

1. 仁德风范

仁是君子内心导向的外向行为的最高评价标准。儒家的价值信念提倡君子的主要特征在于现实世界中的修身齐家治国平天下的承担精神，这个价值精神背后是一个强悍的道德意识，这个道德意识是一个与人类休戚相关的普遍关爱，即是一个仁爱的情怀。

仁德的遵从是理想的君子人格的主要特征。《论语》中阐述了君子人格的仁德风范。一个理想的君子人格的生命写照，是不为谋求自己的生活利益，而只关心公众事务，并且谨言慎行，希望作为社会的典范，一切行为都以能彰显伦理道德，以及作为人民表率为目标，如其言：“君子食无饱，居无求安，敏于事而慎于言，就有道而正焉，可谓好学也。”孔子又说，生活中的富贵贫贱都是不重要的，重要的是是否遵从仁德，不论在什么样的情境下，都要以仁德的胸怀来面对世事。正如：“富与贵，是人之所欲也；不以其道得之，不处也。贫与贱，是人所恶也；不以其道得之，不去也。君子去仁，恶乎成名。君子无终食之间违仁，造次必于是，颠沛必于是。”

仁是君子的内在品德，必须具体地展现出来。孔子有一段话是赞美子产的君子风范，他说子产自己的行为恭正有礼，对君王敬重有礼，对百姓的照顾务使其能有好的生活，在劳动民力的时候，一定是为公益之事才去役使的，这就是一个良好的担任公职者的行为写照，也就是一个理想的君子人格应该展现的风范，正所谓君子之四道：行己也恭，事上也敬，养民也惠，使民也义。

2. 守礼要求

孔子认为必须以礼来约束行为，其言："君子博学于文，约之以礼，亦可以弗畔矣夫。"如果行为处世只知动机上的善意，却不知遵守一个人际互动中的份际的话，那么在社会活动中将会产生许许多多的冲突与争执，这就是不智的行为，孔子警告说：对人恭敬却不重分寸，就会反而因过度恭敬而举措多余，不必要有礼的时候还一直多礼，这就浪费大家的时间了。做事谨慎是对的，但是不重视情境的需要、不知以礼节之，就会反而显得胆小怕事，令人讨厌。勇于任事是应该的，但是不重视适度的礼节份际，就会破坏大家共事时的和谐气氛，而显得自己是一个鲁莽无礼之徒，给别人做事造成麻烦。直爽耿正是对的，但是若不知道别人的处境，只是一味地直来直往，那么对于他人的生存将造成极大的压力而使自己非常不受欢迎。孔子说，恭而无礼则劳，慎而无礼则葸，勇而无礼则乱，直而无礼则绞。

3. 有社会实践的能力

孔子认为，君子必须有适应现实的能力，必须能够真正实践，真正落实到对百姓的照顾上。孔子说：笃信好学，守死善道。危邦不入，乱邦不居。天下有道则见，无道则隐。邦有道，贫且贱焉，耻也；邦无道，富且贵焉，耻也。当然，在追求社会实践的同时，君子的气节仍要遵守，无论如何不可以认同妥协于无道之君，不可与恶人合作。

（二）老子的无为理想人格理论

老子的入世智者以无为守弱的操作智慧，明确地提醒着世人的观变思常之深远智慧。老子主张，事情是要做的，但一定要有技巧，否则事情不但不能成功，自己也会受害，更可能害了别人。无为守弱的姿态，为避免人性恶劣的伤害，于是在进行事务时必须采取与欲望相反的操作的手法，尽量掩饰自己的企图，尽量将荣誉归给别人，基本上只进行对事务有利的条件部署，控制自己一切的不好的欲望，满足百姓一切的生命与生存的基本需要，让大家自己产生对公众事务的关心，让群众自己快乐且有成就感地去执行责任，如此一来公众事务必然可以成功，而人性中贪婪的一面却没有发酵的机会，而智者自己的生存处境也获得保存。

老子提出谦退的理想人格特征。为了避免对立面的迫害力量的激起，圣人在处世的同时，就必须先从隐微的角色扮演起，"以圣人处无为之事，行不言之教，万物作焉而不辞，生而不有，为而不恃，功成而弗居"。尽量成就他人，尽量给予，尽量提供而不索取，如此一来他所做的一切有意义的事情才会在世人的心中留下美好的名声与形象，至于一切社会的虚名与利益都要归给别人，这当然与儒家重视名实相符的精神是不同的。老子提出“功遂身退，天之道”的思想，天道也是有所求的，一般而言，好人做好事当然应该有所报偿，至少是名誉的鼓励。但是老子劝世人一概不要，因为真正的感激已经在受益的人的心中落实了，至于名与利的收获只是激发他人心中的失落感，人心是经不起相互比较的，为了不让原来做的好事被人唾弃，只好把做好事的好名声让给好名的世人，那么他人对那个做了好事的人的感念之心才不会被消耗掉，不管经过了多久，人们都还要记忆称颂。

孔子与老子之间一个强调积极承担，一个强调用世智巧，两者相扶，正是入世之道的理想人格的写照，他们在道德价值感上没有冲突，所以可以合美。作为君子，这也已经很能安置生命了。

（三）庄子的出世真人型态

庄子在中国传统理想人格理论上建立的是不同于老子与孔子的入世型态，庄子是出世的，他建立了一个“至人、真人、神人”的特殊型态。庄子主张真正的价值是人与人不分、人与物无隔、人与自然世界同一的境界，鱼虾相忘江湖的相忘道术，生命的来去如气之流变，安时处顺而哀乐不入，接受一切来自生命本然的造化安排，贤愚美丑富贵贫贱都是相对的偶然现象，都不必在意，都不是真人生命的本质，真正的本质只在天道造化的自然之中。尽管庄子的世界观多半强调的是出世的理念，但是在现世社会中，却提出了形成人类独立的精神境界为生存的真理，这个精神境界的最高指标是“与造物者游”的同一观。

庄子的世界观基本上已经是一种近乎神仙式的思维，真实的世界与理想的世界既然已不在现实社会中，那么世人的嚣嚣嚷嚷当然就不必过问了，于是人生的目标与心灵的依归自当以与另一世界的相契为途径，既然通天地一气也，那么通变流逝之际当然就应该以追求更高层次的生存境界为目标。

庄子提出了价值观念构建的六个阶段：①社会责任感的修饰——放下理直气壮的工作态度，提出面对社会职责时应有的婉转的操作技巧。②价值感的冲击——放下价值理想的崇高身段，以无用之大用提出超越社会现实标准的价值理想。③严密理论的建构——认识观念的相对性、预设性及无穷推演性的本质特征，提出不作观念采取的态度。这是超越价值的反映。④超越之道的认知——存在的形象是一气通流，理念的世界是道通为一，追求一个与造物者同游的自适自在之境界。⑤身心操作的功夫——将智慧运用到心理的状态与身体的功能上，达到一个在人间的真人之境界。⑥实身形象的化除——将融通于自然的自我，展现在社会之中时，是一个无形象的状态。

（四）佛家禅宗的成佛修行者型态

禅宗的成佛修行者型态也是中国传统价值观中的一个理想人格型态，主张普世化精神的人生价值观，主张一个轮回生命与多重无尽的世界存在的观念，认为生命中一切现象的来去与命运的遭遇都是多生多世的宿命积累的结果，此生存活的根本意义就是解脱缠缚，解脱的方法是当下证空、事事皆空。这样的价值观是一种出世的型态，是脱离于现实社会的执著与承担，但也是一种更积极的入世型态。这种人格价值观主张，任何事皆可为，任何路径任何角度只要有助世人觉醒的工作皆可去做，没有礼法的束缚，没有名分的坚持，只有自度度人、自觉觉人的修行功德。这样的人格写照使得中国人在受尽迫害之后又能重新获取基于世界实相的坚实信念与生命魄力，重返人间积极入世。诸恶莫作、众善奉行，将人生的意境挥洒于无尽穹苍的宇宙历程中。

佛教价值观追求一个绝对清净的人性展现，而成就一个绝对充实整全的人格，即成佛者。佛教价值观主张，人的本性与世界的本体是同一的，这个世界的一切现象缘起于一个造化生命宇宙现象的整体历程。在这样的基本认识下，人类应该追求的生命目标便是对于世界实相的全息交融，亦即使自己的生命结构融入这个宇宙运行的真实历程、真实意境之中。融入过程一个是在智慧上去理解，一个是在生活中去实践。

人间世界是生命历程中的一个中途站，是宇宙缘起中的一个偶然性的历程，这其中一切的是非善恶荣誉耻辱都不是终极境界的真实情况，但是人生苦乐众多，欲求众多，缤纷多彩之际不能不引人神往，全然忘记宇宙本质的缘起缘灭，主观错判这世界的坚实性，企求于此世实现虚妄欲求的满足。同时人间世界也是一个修行的道场，是引起一切欲望之间的最激烈心性斗争的场所，例如有时看似气吞山河般的勇者无惧实则暗藏虚伪懦弱的私心欲望，有时表面平淡无奇的简单行为其实蕴藏承担天下的真性真情。

第三节 青年人格价值观的发展

在人格发展的过程中，青年性格的发展变化是人格发展的最显著的体现。对性格结构的分析有助于更深入地考察青年的人格价值观。

一、青年的性格结构

（一）性格的态度特征

性格的态度特征，是指个体在对现实生活各个方面的态度中表现出来的一般特征。从对社会、对集体的态度上，良好的品质如维护社会公德，热爱集体，热情履行义务。从对他人的态度上，或者待人诚恳，坦率，热情，正直，善交际，讲礼貌，有同情心，大方；或者不讲社会公德，不关心集体等。从对自己的态度上，有的人谦虚，谨慎，自信，自尊，严于律己；有的人虚伪，冷淡，刻薄，傲慢，孤僻，粗鲁，吝啬等。从对待学习和工作的态度上，有的人勤奋，认真负责，细致，遵守纪律，不断创新，节俭，爱护；有的人骄傲自负，自卑，自私，放任自己，浪费，破坏，懒惰，粗心，不负责任，自由散漫，保守等。

（二）性格的理智特征

性格的理智特征是指个体在认知活动中表现出来的心理特征。在感知方面，能按照一定的目的任务主动地观察，属于主动观察型，有的人则明显地受环境刺激的影响，属于被动观察型；有的人倾向于观察对象的细节，属于分析型；有的人倾向于观察对象的整体和轮廓，属于综合型；有的人倾向于快速感知，属于快速感知型；有的人倾向于精确地感知，属于精确感知型。在想象方面，有主动想象和被动想象之分，有广泛想象与想象贫乏之分。在记忆方面，有主动与被动之分，有善于形象记忆与善于抽象记忆之分等。在思维方面，也有主动与被动之分，有独立思考与依赖他人之分，有深刻与浮浅之分等。从理智的角度来讲，青年表现为感知敏锐，具有丰富的想象能力，在思维上有较强的逻辑性，尤其是富有创新意识和创造能力。

（三）性格的情绪特征

性格的情绪特征是指个体在情绪表现方面的心理特征。在情绪的强度方面，有的人情绪强烈，不易于控制；有的人则情绪微弱，易于控制。在情绪的稳定性方面，有的人情绪波动性大，情绪变化大；有的人则情绪稳定，心平气和。在情绪的持久性方面，有的人情绪持续时间长，对工作学习的影响大；有的人则情绪持续时间短，对工作学习的影响小。在主导心境方面，有的人经常情绪饱满，处于愉快的情绪状态；有的人则经常郁郁寡欢。

从性格的情绪特征的角度来讲，青年人表现为善于控制和支配自己的情绪，保持乐观开朗、振奋豁达的心境，情绪稳定而平衡，与人相处时能给人带来欢乐的笑声，令人精神舒畅，显得勤奋认真。

（四）性格的意志特征

性格的意志特征是指个体在调节自己的心理活动时表现出的心理特征。自觉性、坚定性、果断性、自制力等是主要的意志品质。自觉性是指在行动之前有明确的目的，事先确定了行动的步骤、方法，并且在行动的过程中能克服困难，始终如一地执行。与之相反的是盲从或独断专行。坚定性是指能采取一定的方法克服困难，以实现自己的目标。与坚定性相反的是执拗性和动摇性，前者不会采取有效的方法，一味我行我素；后者则轻易改变或放弃自己的计划。果断性是指善于在复杂的情境中辨别是非，迅速作出正确的决定。与果断性相反的是优柔寡断或武断、冒失。自制力是指善于控制自己的行为和情绪。与自制力相反的是任性。

从意志的角度来讲，青年人表现出目标明确，行为自觉，善于自制，勇敢果断，坚韧不拔，积极主动等一系列积极品质。

二、青年人格价值观的发展

从发展的角度看青年时期的价值观，的确是价值建立的关键时期。在这一时期，原先建立的旧价值系统不仅面对外来环境的挑战，也面对青年逐渐成熟理性思考的检验。

（一）青年人格价值观的态度特征

态度通常是指个体对某一客体所持有的评价与心理倾向。①态度的社会性指态度并非生而具有，它是个体在长期的生活中，通过与他人的相互作用，通过社会环境的不断影响逐渐形成的。青年时期的态度最能反映社会思潮，也最容易反映社会文化发展的冲突。②态度的稳定性是态度形成后，将持续一段时间而不轻易改变的特征。青年时期的态度稳定性可能受到环境因素的改变以及自我认知的变化的影响而出现稳定性差的特征。③青年时期态度的内隐性差，本身不能被直接观察到，态度需要通过人们的言论、表情及行为进行间接地分析与推理，才能了解。但是青年时期由于情绪情感调节、控制能力的发展水平不高而内隐性差。④态度协调性是一个身心健全的人对某人或某事所抱的态度。上面三种因素常常是协调一致的特征。

（二）青年人格价值观的理智特征

青年人格价值观的理智特征有一个发展过程。青年人的思考能力继续向务实性发展，因此许多表面看来像是价值观的问题，其实是思考太短路、判断太粗糙的缘故。青年人思考能力的培养当然不是一朝一夕所能达成的，系统性、实用性逻辑推理能力的发展需要一个过程，可能导致青年的人格价值观的理智特征缺乏系统性。例如，由于在某项情境或工作中，个人对某项行动目标或行动结果所具有的重要性的认识不足，导致对青年吸引力不强。

青年时期态度的目标具有多元性特征。改革开放以来，随着思想的解放、社会的发展、中西方文化的碰撞，传统价值观已不再独领风骚，青年人的价值观已由单一走向多元。比如，在价值标准上，有的人“唯书”，有的人“唯上”，有的人“唯实”；有的人以社会利益为标准，有的人以小团体利益为标准，有的人以个人利益为标准。在价值取向和价值目标上，有的人重钱，有的人重义；有的人重享乐，有的人重事业，有的人重权力；有的人重原则；有的人重理想，有的人重现实……应当指出的是，在青年人格价值观的多元格局中，健康、向上的价值观仍居主导地位。

（三）青年人格价值观的情绪特征

青年人格价值观的情绪特征表现出正负两极性，同时具有强大动力的特征。对青年人有积极作用的人格特质是热情乐观，有消极作用的则是冷漠忧郁、内心冲突、情绪不稳定。容易紧张和冲动是青年人中较为明显的一个心理特征。青年人还经常出现情绪不稳定，容易激动，常因小事而情绪变坏，烦躁不安，容易焦虑紧张等负性情绪，这可能与学习生活的压力以及自身心理承受能力有待发展等因素有关。

（四）青年人格价值观的意志特征

青年人的进取精神是人格价值观的意志特征。敢为性体现了青年人的进取与开拓精神，也显示出青年人积极向上的心态。这是被视为青年人第一位的最重要的特征。敢为性是体现时代特征的核心人格，在 21 世纪的社会快速发展中，人们既要适应社会的飞速发展，也要不断地开拓创新，要自强自立，勇于拼搏，充满自信。一是表现在自我意识层面，如自强自立、自信；二是表现在进取创新层面，如积极进取、创新；三是表现在行为层面，如拼搏勤奋、竞争、果断大胆、坚韧执著。当前青年的责任感水平不高，反映了人格价值观的意志的自制力品质有待于提高。

青年人格价值观的形成具有鲜明的自觉性。当前社会思想的解放，市场机制的建立，唤醒并强化了青年人的主体意识，青年人不再轻易地、不假思索地迷信和接受某种价值观；改革的艰难复杂，社会的急剧变化，市场的激烈竞争，提供了各种参照，这一切都逼着青年人去思索，去亲身体验，去认真比较，去慎重选择：究竟哪种价值标准最正确？价值取向怎样才科学？应确立什么样的价值目标？

三、青年人格价值观的内容

（一）独立性的人格价值观

青年时期，伴随着生理的逐渐成熟，产生了渴望摆脱成人的控制，迫切要求独立自主，喜欢自我表现和发表自己的看法，独立感和成人感成为青年人格价值观发展的重点。

（二）自我同一的人格价值观

青年人关注自我，关心自己与他人的内心世界，逐步从行动的动机、道德品质和人格特征等方面来评价自己和他人的行为，也开始了解、接纳和逐渐掌握更多的行为规范、价值标准、社会角色，并对自己的未来角色进行定位和认同，喜欢独立探索和思考一些问题。这使得青年人更多地运用社会价值和社会意义来衡量与评判许多社会现象，开始关注人生、思考人生、投身人生。青年伴随着自己在家庭、学校和社会实践活动中获得的各种经验，发展和养成了自我同一性价值标准。

（三）开放性的人格价值观

青年期心理的一个显著特征是“闭锁性”。青年人的情感不太外露，开始带有文饰的、内隐的、曲折的性质。青年人的内心世界要复杂一些，他们不大乐意吐露真情，即使对自己最亲近的人也是一样。他们的心里话或悄悄话有时会对知心朋友说，但不愿和父母或老师讲。青年人渴望有自己的一间小屋，抽屉还要加上一把锁，似乎有什么不可告人的秘密。开放性体现出青年人是一个富有朝气的健康群体，他们对新知识表现出渴求的状态，对新生事物持开放态度，强调知识的积累与才智的提升，他们追求时尚，把握潮流，具有与时俱进的特征。

（四）务实性的人格价值观

务实性是青年人社会适应的体现。随着社会生活经验的丰富，青年人在体察社会发展特征时，努力适应现实、正视环境，少一点空想，多一点脚踏实地。实用性思维发展特点的形成也为青年人务实性的人格价值观发展奠定了基础。青年人逐渐将社会需求与自身发展紧密结合起来，既视国家发展为己任，也将自我发展纳入其中，更强调双赢原则。

（五）宜人性与协调性的人格价值观

宜人性主要是指热心还是无情，信赖还是怀疑，乐于助人还是不合作。高分的特征往往有：信任、利他、直率、谦虚、移情、有同情心、善于倾听、易于与人共鸣、对他人耐心、善于接纳他人等。宜人性是青年人社交风度的体现。人际交往能力是青年人的重要发展任务。宜人性有助于青年人表现出人际交往中的交流与助人的发展，在人际交流层面上，需要相互的理解与尊重、真诚守信、宽容豁达、为人谦虚、重视他人评价的特征；在人际行为层面上，需要友善助人、易于合作的风格。宜人性人格价值观是在调整人与人之间、个人与社会之间关系的过程中产生的，如忠、孝、节、义，团结互助、平等、博爱、集体主义，等等。它的职能是协调人际关系，解决好个体发展和群体发展的矛盾，保持社会的一定秩序和稳定性。

（六）进取性的人格价值观

进取性的人格价值观是在人类改造、战胜自然和人类自身的生存竞争的过程中产生的。其主要表现为勇敢、顽强、自信、勤劳、热情、不甘落后等品质。它的职能是充分调动和激发人的主动性和创造性，促进人类的进步和社会的发展（楼静波、唐灿，1992）。

第六章　青年精神价值观

“精神”一词来源于拉丁文 spiritus，意思是轻薄的空气或气息。在中国古代，有的哲学家把精神理解为精灵之气及其变化。唯心主义以各种形式把精神看做创世的本原。唯物主义学派主张，从对物质的关系来说，任何形式的精神都是由物质派生的，是第二性的。马克思主义哲学认为精神是高度组织起来的物质即人脑的产物，是人们在改造世界的社会实践活动中通过人脑产生的观念、思想上的成果。同时，精神又具有极大的能动性，通过改造世界的社会实践活动，精神的东西可以转化为物质的东西。迄今为止，关于精神的诸多研究之间尚未就精神的内涵形成统一的认识。

精神价值观是以满足个体的精神发展需要，评估精神素质或精神风貌的标准或准则。精神价值观对个体的生活具有不可替代的作用。个体的精神价值观反映在个体内外的表现中。精神是生命的气息，个体缺乏了精神价值观，就成了中空的、机械运动的躯壳，而不是一个日益成长的有生命的实体。

第一节　精神价值观概述

一、精神价值观的内涵

在生活中，人们经常说到“精神发展”、“精神现象”，有时甚至把“精神”与“宗教”、“信仰”等词汇并列使用。现在“精神”一般代表精神状态、精神本质或功能以及精神产生的影响，也代表与精神有关的、组成精神的、非物质的、无形的精神单位，还代表属于精神的高级的认知或心理的产物，例如思想、情感等以及与外在行为不同的道德情感或灵魂状态，形成或影响个体的心灵。

个体精神的表现可以是宗教性的，也可以是非宗教性的。精神价值观的表现既可能是如精神环境，例如地球、月亮等能够看得见的线索与符号，也可能是如祈祷、音乐、唱歌等精神语言。不同的具体的精神领域有不同的表现形式，例如，人文精神的表现形式有乡国情怀、亲情、人生感悟等。

二、中国传统的精神价值观

（一）儒家文化的精神价值观

儒家文化的精神价值观最重要的有以下几点：道德理想主义，普遍和谐、自律的精神价值观，以及审美价值观、终极关怀价值观。

道德理想主义指以道德完美为人生的第一价值、最高追求，完成道德人格是人生的最后归宿，建立功业以道德修养为基础（张学智，1998）。儒家文化主张，人性是善的，人性之善不仅可以从形而上的层面得到说明，而且可以从现实的经验层面找到根据。在《论语》中，仁字有三义：人之性，人之道，人之成。意思是要以“仁”来彰显人的整个生命历程，就是如何从潜能走向实现，再抵达完美。人之性是“向善”，人之道是“择善”，人之成是“至善”。这里所说的向善、择善、至善就是一种精神价值观。《中庸》认为“天命之谓性”，人性是天道的体现。人的道德修养在于遵循自己本来具有的善性去实践、去扩充。荀子一方面崇礼，一方面重法，以道德和法制为最重要的治国的两个方面，但仍以仁义为最高原则。他说：“用国者，义立而王，信立而霸，权谋立而亡。”（《荀子·王霸》）宋明理学的理论重点转至宇宙人生、心体、性体上，认为国家的指导原则与宇宙的根本法则是一致的。总之，儒家学说重视德性，重视人的全面发展，重视人生的意义和理想，强调人和人、人和环境、人自身的身与心、肉体生命与精神生命的和谐，主张科技理性和道德理性二者的和谐统一。

儒家学派的普遍和谐观念主要表现在以下方面。首先，主张和谐的理想的“大同”观。儒家学派主张，通过道德修养来调整人与人之间的关系，使社会成为一个和谐的理想社会。其次，主张多元文化的和谐。文化虽是多元的，但最终的理念是相通的，各种文化都是这一终极真理的体现。虽然形态各不相同，但目的都是一样的，都是为了使人类安定祥和地生存下去。天地生化万物不是让它们相互争斗，而是要让它们和睦相处，作为人的生存方式的文化自然也应该是这样。世界是一个和谐的整体，其中充满着差异和矛盾，但万物是能够共同存在而不相互伤害的。多元文化的和谐有利于各种文化的相互作用，共同促进世界文化的发展。

自律即靠自己内化的规则的约束、自己的意志力量来实践道德行为。自律是儒家与其他学派以及西方基督教伦理思想相比较而独有的特点。孔子主张“为仁由己，而由人乎哉”（《论语·颜渊》），意思是说，实行仁德，完全是自己的事，不是别人的事。孟子则提出“人之四端”说，突出人的道德行为的自律特点，他提到，人看见小孩子将要掉到井里而产生恻隐之心，就是人的本能的反应，就是“仁”的根据和萌芽。人还有羞恶之心、辞让之心、是非之心，这就是“四端”。宋明理学普遍认同“存天理，灭人欲”，天理是应该如此的“无上命令”，人欲是对于这无上命令的损害。理学认同的“存天理，灭人欲”只是去掉不符合某一社会特定时期的道德规范的那些行为，尤其是去掉妨碍人的道德理性做主的那些行为，让人在道德理性的宰制之下，即“人欲净尽，天理流行”。

儒家学派重视审美价值观。儒家赋予“道”更广泛的含义，常常指宇宙总体遵循规律的运行。“道”不只是一个认识范畴，而是一个表示境界的审美范畴。所谓境界，就是某种信念、某种觉悟。境界不是对感官经验的综合与重组，而是在经验到的现实事物上看出意味，所谓别有会心。犹如佛家的“青青翠竹，皆是佛性；郁郁黄花，无非般若”，最能道出儒家境界论的神髓。有了某种境界，就是有了超越目前现实经验的精神。

儒家的终极关怀是人本身，是人怎样通过道德和知识修养达到某种见解，并由这种见解带来对人的本质、宇宙的本质以及生命的本质的认识和体验。这种境界如同孟子的“上下与天地同流”，程颢的“仁者浑然与物同体”，朱熹的“万物为一，无所窒碍”，王阳明的“良知是造化的精灵”。可见，这是一种内在的超越，是理性求索的结果。儒学文化是一种重视人自己、提升人自己地位的同时又尊天爱天，在天人的相互映照中提高自己精神境界的学说（张学智，1998）。

（二）道家文化的精神价值观

道家文化提倡以人为本的精神价值观。道家文化信仰神和仙，神系中的许多神都是对现实生活中的人的神化。道家文化所信仰的神仙大致可分为两大类，即“神”和“仙”。“神”是指神祇，包括天神、地祇、地府神灵、人体之神、人鬼之神等。其中天神、地祇、地府神灵、人体之神一类的“神”，是虚幻的先天存在的真圣。“仙”指仙真，包括仙人和真人。“神”和“仙”在内涵上虽说有所不同，但都属于对“道”的信仰。道是宇宙万物的本原，化育天地万物，是一种精神产品。在道家文化信仰的神中，有人鬼之神。人鬼之神即是本着有功于民则祀之的原则，把人奉为神。这些人包括各民族的祖先神、各民族的圣贤英杰、各行业的祖师或保护神，甚至各家族的先祖，等等。例如三皇五帝，以及孔子、孟子、关公、岳飞、木匠祖师鲁班、茶神陆羽、酒神杜康、玉器行祖师邱长春、梨园神二郎神，等等，他们均被道家文化所崇祀。

老子的《道德经》更是道家文化积极入世的价值观的反映。他用大量篇幅讲治国、牧民之道，讲养生、修心之要，追求长生久治之愿求溢于言表。同时，庄子亦著书立说，大谈神仙世界之美妙、富足，神仙生活之自在安乐。其后的道家文化经典对之继承发展，既给人们勾勒了一个奇妙诱人的神仙世界，又时时不忘向世人承诺：人的寿命并非完全由“天”决定，人可以在现世通过自行的修道而成仙，达到“长生不死”、“肉体飞升”、身登清虚三境之境地。他们把理想寄托于现世，进一步打上了入世印记，表现了道家文化既重来世、更重今世之思想，启发人们去探索人生、人体、命运、社会、宇宙等的奥秘，创建了一种重人生、乐人世的积极生命观。

（三）佛教的终极关怀价值观

古今中外的终极关怀有三种类型（张岱年，1993）：一是皈依上帝的终极关怀；二是返归本原的终极关怀；三是发扬人生之道的终极关怀。佛教的终极关怀价值观是发扬人生之道的终极关怀。佛教对人生的基本看法包括苦、集、灭、道四个方面。①“苦”谛是佛教对人生所做的价值判断，指出人的本质是痛苦的，“苦”伴随并主宰人生。苦无所不在，无时不有，具体而言有生、老、病、死、爱别离、怨憎会、求不得、五取蕴等八苦。纵向来说，人生之过去、现在、未来三世皆如现世之苦，人生的过程就是连续产生和忍受痛苦的过程；横向来说，“三界无安，犹如火宅”，现世生活如苦海、火宅，漫无边际，将众生无情淹没。肉体仅仅是五蕴的缘合，是无自性的、不能自我主宰的，因而也是不值得留恋的。世人要求解脱是以对现实人生进一步否定为基础，即苦是生之实相。②在“集”谛中，分析了人生苦之源，即人的各种欲望。③在“灭”谛中，则指明了人生的最高理想境界即涅槃，意为终止受苦，脱离苦海，达到涅槃般寂静。这正是佛教的终极关怀的体现，是人生的真正归宿。④在“道”谛中，佛教提出了实现理想的途径，如最初的八正道（正见、正思维、正语、正业、正命、正精进、正念、正定）及后来的七科三十七道品等。总的来看，佛教重视精神上的超越、心性上的解脱，而视肉体为“臭皮囊”，把人的现世道德修养提高到一个较高地位，强调了修行者的自我完善与心灵的净化。

三、精神价值观的特征

（一）虚幻与现实相间的特征

尽管精神价值观追求的是一个理想化的世外桃源，是一个极大公平、和平的世界，人人都安居乐业，竟其天年，世界上没有水旱灾害，没有战争，没有疫病。但是，达到理想王国又要从社会实践做起。

（二）超越性特征

所谓超越性是指宇宙存在的根据或宇宙本体，即“存在之所以存在者”，例如“天道”、“天理”、“太极”，等等，并伴随着对宇宙人生的领悟。超越者还具有下列特征：①高峰体验和高原体验成为他们生活中最重要的事情，是制高点，是生命的见证和生活阅历丰富的最宝贵的反映。②超越者生活在存在水平，能自如、自然地说出存在语言，能较好地理解寓言、修辞手法、悖论、音乐、艺术、非语言交流沟通等。③超越者能在实际的、日常的缺失水平上观察事物的同时，也看到一切事物中神圣的一面，能随意地使每一件事物具有意义，即从发展的视角观察事物。④超越者更自觉地和有意识地受超越性动机的支配。真理、完善、美、善良、统一等存在价值是他们活动的主要动机。

（三）开放性特征

精神价值观是一种目的性价值观。在实践精神价值观的过程中往往需要一方面对社会历史现实的开放，古为今用，中西相容；另一方面对成长和发展的开放，立足于客观现实，寻找适宜的实践方式。

四、青年精神价值观教育的功能

精神价值观的功能是研究者长期关注的问题。

首先，精神价值观发展是人类最高需求层次的发展。由于精神价值观可以让人超越物质世界的限制，是一种人性的动力，可以驱使人类发扬人性的伟大情操。加德纳（Gardner H）从多元智能的角度探讨了精神发展的问题。多元智能理论把精神价值观称为精神智慧，是个人能够反思与掌控环境中的各种影响力，回归个人本性，找到生命的定位的一种智慧表现。Zohar 和 Marshall（2000）指出，精神智慧是多元智慧的一种，也是人类“最终的智慧”（spiritual intelligence：the ultimate intelligence），人类是精神的创造物，在生命及生活经验中寻求意义及价值。Woleman（2000）认为“精神智力”就是人类探索生命意义的终极问题，并同时亲身体验个人之间和个人与外在世界之间的亲密关系能力。Bigger（2000）强调精神（spiritual）经验更为宽广，是指对个人的情绪、人格及对生命所赋予意义等层面的沉思与探索。

其次，精神发展是青年全面发展不可缺少的因素。精神价值观的发展有利于青年协调自己身心、自己与他人、环境、宇宙的相互关系，更好地发展；有利于协助青年对自我的探索与期待、对生命意义的建构与追寻，以及对信仰的追寻。而且，精神价值观会因为缺乏教育而没落。精神价值观的发展对个体发展的影响具有基础性、方向性。①传递爱和接纳的态度。促进寻找生活意义的过程，并体验对方的文化和态度。促使个体迅速发现生活的意义和目的，提高个体某种生活体验和表达生活体验的方式。②提供支持、鼓励和尊重。精神价值观有利于个体提高信心，奉献时间，参与实践。③提供客观存在。④有利于个体对所处群体的认同、凝聚作用，同时还起着对外界诱惑的甄别、排斥作用。⑤提高个人身心健康水平。个人的精神价值观能够促进个体长久快乐幸福和道德目标的实现（Wilson，2000）、提高生理健康水平（Levin，2001）、具有更健康的生活方式和更低的风险行为（Koenig，1999）、提高适应能力（Pargament，1997）。从个体的社会适应来讲，精神价值观不仅表现在让人产生愉悦的情绪体验，同时还具有对个体行为的约束作用。

此外，精神价值观在社会生活中具有重要的行为规范作用，推动、引导、制约人们朝有利于自身发展、有利于利益实现且避开不利发展方向的作用。Palmer（2001）曾经论述了在职业场所中个人精神价值观的作用。WalMart等大型公司的管理者也积极支持培养员工的精神价值观的措施，希望能够长久地满足员工精神需求；在工作环境中，提供一定的条件来满足员工表达精神价值的需求（Palmer，2001）。精神价值观可以为员工体验和解释经验提供基础，是组织文化的重要组成部分（Mitroff and Denton，1999），精神价值观的作用在克服公司经营危机时尤其关键（Mitroff and Denton，1999）。

五、精神价值观的发展

关于个体精神价值观发展的问题，不同的社会文化环境存在不同的观点。有的社会文化主张，个体的精神不存在发展的问题，而是表现出精神价值观有和无的问题。有的社会文化则主张，精神价值观和个体人格的其他元素一样存在实质性的发展过程，只不过精神价值观的发展变化更为短暂、更具有超越性。还有的社会文化中个体的发展被看做循环的过程，从出生开始，经历童年、少年、青年、中年、老年，继续以精神永存的形式延续到未来世界的重生。精神发展是青年全面发展不可缺少的因素。因此，英国学校课程及评估委员会（The School Curriculum and Assessment Authority，1995）指出，精神发展的内涵有下列八个方面：①精神是人类的本质，超越生理与物理极限。②发展个人内在精神世界的洞察能力。③相信存在超越我们感官世界的经验的倾向。④对上帝、上天或终极存有的回应。⑤促进人类美好的特质，如爱、忠诚、善良等。⑥重视内在创造能力及想象能力的功能。⑦寻求生命的意义、真理及终极的价值。⑧建立自我认定及价值观，尊重他人。

精神价值观是基本的个人价值观，是个体在社会化过程中的重要发展内容。青少年精神价值观的发展表现在对自身潜能独特性的自我意识的发展，对自己发展的强项和弱点的理解及达成他们的目的的责任感的提升。良好的精神价值观是青少年发展任务的重要组成部分。精神价值观发展良好的青少年往往具有以下行为特征：①他们热情并被内在准则所激励，乐于迎接与宗教以及道德有关的挑战。②他们可以分析和思考自己的信仰及了解其他人的价值观。③他们往往容易接受新的观点，并基于个人经验来应用所学的新的观点。④他们可以发展明智的个人观念，使他们能够有充分理由支持自己的动因。⑤他们有安全的信念和价值观，并不害怕随时可能挑战自己的已有的观念。⑥他们具有弹性的行为方式来积极应对环境中的重大改变。⑦他们很想发展较高水平的对影响人类和全球问题的敏感性和重要认识。⑧他们具有很高的自尊，尊重自己和他人。

第二节　青年精神价值观的结构

人类的宗教、艺术、科学、人文的追求活动从本质说都是出于人类自身的精神需求。科学史家萨顿（Sarton）曾将真（科学）、善（宗教）、美（艺术）形象地比喻为一个金字塔的三个面，随着高度的上升，真、善、美将越来越近，在最高点达到完全统一。而又有人认为，回顾历史，我们还能找到另一个倒置的金字塔。在那个倒置的金字塔尖上，科学、宗教、艺术等都汇集在一处，都处于萌芽、彼此不分的混沌状态。此即从汇集到分离，再到汇集的变化。可见，人类精神需求存在一个由低到高的层次结构，因此青年精神价值观的发展也可能遵循着固有的发展顺序。

人类在精神上的需求，就是这样一株一株的“植物”，“植物”的各个部位都是不可缺少的。它们之间也有着千丝万缕的联系。①宗教价值观。宗教对世界的描述是具有强制性的，宗教里宣扬的善却又让人得到了心灵的宁静，从而充满情感、体验到精神需要的满足。此外，宗教价值观是个体认同的既有的外界的价值观，宗教价值观是关于虚幻情境的价值观，带有主观臆测性，可实证性差，因此宗教价值观处于精神价值观层次的低层。②科学精神价值观。主要是关于知识或者是获取知识过程的价值观。世界上事物的复杂性和科学所追求的客观性决定了一切的科学理论都只能是“相对”的，被称为“绝对真理”的知识永远也不可能找到。科学的目标是寻求自然系统中的事实及原因，一切都讲求有依据，推理严谨。人们可以借助科学得到世界最为清晰的图景。因此，科学精神价值观由于反映客观现实并且是主观的理性标准的价值观，可以实证之。青年科学精神价值观的形成在个人价值观系统中应处于高于宗教价值观的形成的层次中。③审美价值观。“自然界最不可理解的就是它竟然可以理解”。自然界神奇的自洽性使得人们能够从感性的表达（艺术）中寻找探索自然所需要的灵感；审美价值观是关于培养新精神和新情操的价值观。因此，审美价值观可能在科学精神价值观形成以后发展起来。④人文精神价值观。由于人文精神价值观反映了个体追寻科学精神价值观和审美价值观的主观能动性，因此在青年精神价值观系统中最晚发展起来，并处于青年精神价值观系统的更高层次。

一、宗教价值观

宗教是人类文化的重要组成部分，在人类的任何一种文明中都占有一席之地，迄今为止，世界上尚未发现一个民族没有宗教。对于中国宗教问题，不同的研究者提出了不同的观点。唐君毅（1974）在谈到中国宗教精神与哲学这一问题时，认为尽管儒道墨法诸家都非宗教，但是中国古代民族也是笃于宗教信仰的民族。尚九玉（1997）等则把中国看做多宗教的国家。中国宗教徒信奉的主要有佛教、道教、伊斯兰教、天主教和基督教。

中国宗教追求的最终目的是人的幸福而不是神的尊严。尚九玉（1997）研究指出，道教以抽象、神秘的道为最高信仰，奉中国古代历史人物老子为教祖，崇拜神仙，属于多神教。在道教教义中，神既不是世界的创造者，也不是世界的主宰者，而是抽象、神秘的道的化身；仙是人或其他自然物修炼得道而成的。也就是说，道教的神仙是人可以修炼而成的，是人的精神的表现形式。佛教信仰的最高神是佛陀。佛陀，意为觉者，指修习佛法，达到自觉、觉他、觉行圆满三者俱全的完满境界者。其次是菩萨。菩萨意为“觉有情”、“道众生”、“道心众生”，以智慧上求菩提，用慈悲下救众生。中国人家喻户晓的是其中的观音菩萨，观音菩萨在中国佛教中就是大慈大悲、救苦救难、法力无边、普度众生的神。佛教中的佛和菩萨都是人修习佛法可以成就的。根据佛教教义，佛陀本是人，不是神，后来被人神化成为至高无上的神。释迦牟尼佛原来是古印度一个小邦国的王太子，地藏王菩萨原来是古代新罗国的太子。可见，在中国宗教中，无论是佛教，还是道教，或是传统的民间信仰，神更多地是人祈求幸福和平安的对象，是人类生活的保佑者，而不是人的生活的中心和根本目的，神是现实中人的精神的表现。

中国宗教崇尚宽容精神。中国宗教基本上都是多神教，崇拜不止一个神灵。中国佛教是以佛陀为主神的多神宗教。中国道教是以作为道的化身的三清尊神为主神的多神教。中国宗教主张，这些神灵以其主神为核心，组成了一个有高低尊卑之分的等级体系，它们和睦相处，各安其位，各司其职，共同影响和支配着现实人的生活。造成中国宗教的宽容精神的原因主要有两个方面：一是中国文化注重现实功利的基本精神；二是中国传统社会王权至上的政治结构。儒家思想注重现世，对来世存而不论、漠然置之；追求现实功利，鄙视玄想，对事物采取现实的、功利的态度，不去追求事物的根底。对宗教的态度是敬鬼神而远之，不允许宗教过多地干预社会，特别是社会政治和经济；中国历史上的政权往往允许各派宗教存在，以便教化百姓。王权是中国传统社会的最高权威，它受儒家思想的支配，对宗教采取务实的、功利的态度。从维护和巩固王权的角度来看，由于各种宗教皆有可取之处，统治者就对各派宗教兼收并蓄，加以扶植，但是又绝不允许任何一种宗教的发展危害王权的稳固，更不允许哪种宗教建立自己的神权统治。

二、审美价值观

审美是人类掌握世界的一种特殊形式，指人与世界（社会和自然）形成一种无功利的、形象的和情感的关系状态。古往今来的哲学家把美看做一种特殊的精神价值，在人生价值观体系中是最有泛化色彩和渗透力的一种价值观。审美观是一个人用什么样的审美观点、抱什么样的审美态度和运用什么样的审美方法对自然景观、社会生活、文学艺术和人生进行审美活动的总称，是一个人审美情趣和审美理想的集中表现。审美观是在人类的社会实践中形成的，和政治、道德等其他意识形态有密切的关系。不同的时代、不同的文化和不同的社会集团的人具有不同的审美观。审美观具有时代性、民族性、人类共同性，在阶级社会具有阶级性。审美价值观是审美判断，就是审美主体进行审美活动时所具有的特定心理感受与评判过程中所持有的准则。

审美价值观的最主要特征在于超感性。审美价值观尽管来自于对客观事物的感知形象与理性思维互动的结果，却能给人以精神上的理解和自由的欣喜与快慰。此外，审美精神价值观具有愉悦性。愉悦性包括三个层面：①由对象生动、丰富的感性外观使主体获得身心上的直接快感；②主体不觉外在的限制的愉悦心境；③主体最终达于对象内在之美，体验物我两忘以及上下与天地同流的自由乐趣。

审美价值观的功能主要表现在促进个体品德发展和人格成熟。首先，审美价值观与至善的道德教育之间存在密切关系。人之所以审美，除了愉悦自己的目的，在很大程度上也是为了完善自己。在当今社会中，通过对美好事物的欣赏，尤其是对人性中存在的友情、亲情、爱情的审美，不断为生活在钢筋水泥的城市森林中的人们提供心灵的慰藉，满足他们因为物质丰富的过度享受而带来的心灵空虚。还可以如“诗，可以兴，可以观，可以群，可以怨”（《论语·阳货》）所说，“感发意志”、“托物兴辞”，从而发挥“兴”，即指诗的感染作用。孟子认为“仁言不如仁声之入人深也”（《孟子·尽心上》）。荀子主张“乐者乐也，人情之所必不免也，故人不能不乐”（《荀子·乐论》）。总之，古代哲学家往往把审美价值归属于道德价值活动的种种形式和结果，把审美愉悦的自由感受与至善的达到联系起来，把审美看做人们实现善的手段。现代的诸多教育家就美育与道德发展的关系，阐述了许多的观点。朱光潜说：“美育是德育的基础。”苏霍姆林斯基认为：“美是道德的纯洁，精神丰富和体魄健全的有力源泉。”以美的事物为手段进行品德教育，主要通过潜移默化过程来实现，就如杜甫诗句所描写的：“好雨知时节，当春乃发生。随风潜入夜，润物细无声。”其次，审美情感影响美的认知和人格塑成。美感活动是多种心理的综合协同运动，审美情感对于美感心理是关键的、决定性的要素。审美情感是美感心理的动力成分。情感作为一种活跃的心理过程，驱动着审美欲望的现实化、审美期待的具体化，使审美活动达到一种深层的感动和理解，领悟到难以言传的生命意义。例如诗人把自己的不畏强暴的风格和情感投射到菊花上，然后讴歌菊花的不畏严寒和美丽，对菊花的“千古高风说道今”就是人格成熟的过程。再例如，相传孔子当年周游列国，却到处受到冷遇，他在返回鲁国的途中，经过一段幽蔽的山谷，看到那里浓郁芬芳的兰花开得特别茂盛，不仅感慨万千，认为兰花应当为皇帝诸侯开放，现在却单独在山谷里，只与杂草生长在一起，实在可惜！于是他架起琴鼓，弹起《猗兰操》。显然，孔子因为得不到重用而备感伤心，于是移情于山谷的兰花，为之弹琴，歌唱凄凉和孤苦的意境，就可以减轻现实中的困境对自身的伤害，通过移情这种自我防御机制，维护身心健康。

近年来，研究者探讨了审美价值观的结构。赵永萍、张进辅（2004）调查了626名不同背景条件的青少年审美价值观。据探索性调查获得的信息以及文献综述，将审美价值观概括为三层次九维度：①审美情趣，包括想象力、感受力、创造力、理解力、判断力；②审美判断，包括审美标准和审美评价；③审美理想，包括观念形态、形象形态。

青少年审美价值观的一般特点表现为：①青少年审美情趣具有娱乐性和年龄特征。例如，对“最喜欢的旅游景点的选择”排在前三位的分别是登山、漂流等探险活动和民俗风情类，这反映了青少年对大自然的眷恋与向往以及青少年活跃、勇于探索的性格特征。②青少年审美评价标准泛化与感官化。审美判断处在审美心理表层结构的核心地位，它是人们对客观事物和现象的审美价值所持的比较性选择性评价，包括审美标准和审美评价，其中审美评价既包括对外界美的形式与内容的评价，也包括对自己形成的审美知识和审美能力的评价。审美价值观在人生价值观体系中是最有泛化色彩和渗透力的一种价值观！因此，人们常常自觉或不自觉地使用审美标准对事物或现象进行评价。例如，在选择服饰时，他们虽然也重视质量，但更重视悦目标准；在选择朋友时，人品好，从美学的角度看就是人格美。青少年最看重的美德中，排在前三位的分别是诚实守信、孝敬父母和礼貌用语。③青少年审美追求具有形象性。关于追求美的最主要目的，青少年最多回答的是：为了得到美的享受、为了追求自己的理想、为了使生活更充实。关于“你最喜欢追求哪方面的美”的回答，排在前三位的分别是：美好的理想事业、丰富多彩的生活、美满的家庭生活。④审美价值观中的矛盾性。青少年的实际审美能力与自我审美能力评价之间以及审美价值观与具体的审美行为之间都存在矛盾。虽然大部分青少年赞同加强对学生美学知识的教育，也认为不愿意学习人文知识，不愿意接受美育是不正确的，但又不是很积极地参与艺术活动。

和谐价值观是一种重要的审美精神价值观。和谐指把完全不同的元素根据共同目标在更高的水平上组合在一起。这样就把不能同时移动或反对的势力在更高水平上达到互惠的状态。和谐是表现在个体信念和行为中的稳定的个人价值观。当个体体验了几天或几周的冲突，达到了更高水平的解决方案，在相互对立的情境中，相互对立的人或事物之间实现协调与和谐。中国传统价值观教育中尤其重视对个体和谐价值观的培养。儒家文化从三个层次来阐述和谐观。一是天本身是和谐的（张学智，1998）。天是一个和谐体，天道的运行，四时的代谢，万物的生化等出自它们本身的必然性，按着自己固有的规律动作。二是从宇宙宏观的角度看，天地万物处在一个和谐的共同体中。《中庸》说：“万物并育而不害，道并行而不悖，大德敦化，小德川流。”这就是“诚”，诚即万物都按自己的规律运行而整体呈现和谐。三是作为宇宙成员，万物（包括人类及人类中的各人种、民族）平等，万物按自己的规律运作，整个宇宙是一个多元和谐体。随着科学的发展，普遍和谐的观点更被现代青年所接受。普遍和谐的观念来自“天人合一”，“天人合一”是儒家从先秦到宋明以至现代的一个重要理论特点（张学智，1998）。天人合一不是把人所居的自然界当做仅仅征服的对象，对它无限地索取，也不是把它当做神灵的创造和启示加以崇拜和敬畏，从而在它面前无所作为。和谐具体来讲就是包括自然界本身的和谐，人与自然的和谐，人与人的和谐及人自身身与心、肉体生命与精神生命的和谐。和谐价值观涉及以下几个方面的内容：

（1）自然的和谐。《易传》有“保合太和”之说，即认为天是一个和谐体，按着自己固有的规律动作，天地万物处在一和谐的共同体中。这里突出的是，作为宇宙成员，万物平等，万物按自己的规律运作，整个宇宙是一个多元和谐体。

（2）人与宇宙也是和谐的（张学智，1998）。《中庸》以中和为天地之大本达道，《易传》认为人应该“与天地合其德，与日月合其明，与四时合其变，与鬼神合其吉凶”，汉儒以阴阳五行配宇宙间一切事物，将人与天纳入同一框架中。董仲舒认为人是天的副本，人的一切都是效法天的，包括人的生理结构。这里虽有诬妄或滥用的成分，并且从某方面来说过于消极，但其中心意思为，人与宇宙是一个和谐的整体、一个系统。人的活动应遵从宇宙的规律。这对今天人对自然资源的过度开采，人过分地从自然索取而不顾其内在和谐，从而造成自然资源的匮乏、环境的破坏、人的生存环境恶化等，都有警戒作用。

（3）人与人的和谐（张学智，1998）。这是儒家思想的重点。儒家的核心三纲五常，就是在承认社会等级制度、承认人的位分的差别上，和谐人与人的关系。孟子反对墨子的兼爱说，认为他否定了人实际上存在的差别，亲疏厚薄皆平等相待，是一种不合人的人伦亲情原则的邪说。儒家承认人与人的社会差别，但认为人在人格上平等。宋明理学强调人的位分，人在不同的地位有不同的义务和责任，但人皆可以成就理想人格，皆可以从自己所处的位分上进行道德实践。理学家提倡“不离日用常行内，直造先天未画前”，就是主张追求理想人格要在日常行为中达到，人不必做轰轰烈烈的大事，人可以不逾越自己的位分而成就理想人格。在现代社会中，等级制度在大多数国家遭到废弃，自由民主意识深入人心。在这种情况下，儒家强调的人与人的和谐更多地是在平等的前提下主张人与人之间建立和睦融洽的关系。儒家在这方面的指导原则是“仁”，“仁”即对人有同情心、爱心，并且这种爱心是出于人心的本真，不是出于功利目的。“仁”是爱的基础和来源，是道德情感本身；“义”是对人际交往中亲密友谊的追求；“礼”是遵循道德规范、理念的表现；“智”是辨善恶、明是非的能力。三者都是“仁”的推扩，是道德情感的不同表现。没有道德情感的义、礼、智，就无从达到爱人的人生道德境界。儒家的这一思想，在人与人的关系日渐疏离、利益原则吞噬爱心的今天，更应该大力提倡。

（4）人自身身与心的和谐、肉体生命与精神生命的和谐（张学智，1998）。这也是儒家的重要精神。孔子的人生历程，就是一个身心和谐的过程。《论语》中不仅记载孔子的言论，也记载孔子的生活细节，就是要人了解孔子的圣贤人格表现在一切方面。孟子有碎面盎背之说，认为人的道德境界可以使貌色形态有温舒润泽之气。“富润屋，德润身”，是儒家一个著名的古训。魏晋玄学家重视“神理”，宋明理学家重视“气象”，都认为精神修养可以使身心和谐。在身心两个方面，儒家要人修养道德从而调适身心。孔子要人首先挺立自己的道德人格，轻视世俗的荣利，并且教人“志道据德，居仁游艺”，奉行道义而身有所寄托。孟子要人“居天下之广居，立天下之正位，行天下之大道”，从而心宽体胖。宋明理学要人立志做圣贤，完成自己的道德义务。从古至今，儒家精神培育出了许多英雄节烈、志士仁人。中华民族也因为这种精神而不失坠。这在今天普遍重视物质利益，轻视人格追求，社会风气奢靡化、庸俗化的情况下，提倡儒家精神，挺立道德人格，激励自己奋发向上，是很有现实意义的。

三、科学精神价值观

科学精神是人们在长期的科学实践活动中形成的共同信念、价值标准和行为规范的总称。科学精神就是指由科学性质所决定并贯穿于科学活动之中的基本的精神状态和思维方式，是体现在科学知识中的思想或理念。科学精神充分体现了科学的优良传统、自主意识、价值取向、精神气质、认知模式、道德律令和行为准则。它是科学家应该具有的精神，是多数科学家事实上或多或少具有的精神，也是非科学家能够领悟和习得的精神。它一方面约束科学家的行为，是科学家在科学领域内取得成功的保证；另一方面，又逐渐地渗入大众的意识深层。

科学精神就是在科学活动中所具有的思想和态度，其体现的是一种基本的精神状态和思维方式。科学通过求真，可以达到求美、求善，科学把追求真善美的统一作为自己的最高价值准则，这是科学精神的最高层次。科学精神体现在以理性为基础、以创造为中介的各种关系之中，无论理性精神也好，创造精神也好，其最终表现必然在于对待人与自然、人与社会、人与人之间的关系之中。科学精神由混沌到文明，由弱小到健硕，回顾人类的发展历程，科学精神与人文精神相互交融，共同照亮了人类前进的道路。申振东（2007）分析了科学过程的精神价值。第一是有理性的精神价值观。科学的发展有利于建设良好的生态环境，能为人们提供客观的审美对象，唤起人们的审美情趣，净化心灵世界；能够引发人们在价值观念、生活方式、消费方式等一系列领域发生变革，促进人们形成文明、健康、科学的生活方式，进而又在更深层面改善社会关系，促进人的全面发展。第二是具有进取精神价值。科学的进取精神蕴涵着科学的批判精神与创新精神。科学的批判精神是由认识对象的无限性和具体的认识主体的认识能力的有限性决定的，是对现存事物以及现有认识持有的怀疑态度、警觉意识和不满足感。世界的无限性和具体认识主体认识能力的有限性、人们认识阶段性与人类实践延续性的矛盾，必然要求科学不断创新，在认识的广度和深度上发展。可见，科学进取反映了准备超越现在知识和现存事物的精神。第三是宽容协作的精神价值。在人与自然、人与社会以及人与其自身的矛盾过程中，由于各种资源具有有限性，人的认识理解能力也是有限的，而人的欲望或追求是无限的，这一矛盾的发展过程就必然会存在着竞争。个体具备宽容协作的科学精神价值观才能实现一种在竞争状态下不断趋于全面的发展过程。第四是具有献身的精神价值。由于实践具有复杂性、不可预见性，从人对探索未知领域方面分析，人要在复杂的、不可预见的环境中真正取得实践预期效果，就需要对实践对象、对未知领域的不断探求，需要科学的敬业精神、献身精神。如果仅仅因为害怕面对实践对象的复杂性、未知性就裹足不前，那也就无从谈起发展问题，更不可能实现人的全面发展。

此外，近年来，研究者开始关注科学进步与价值观的关系，尤其是系统地提出了“科学→价值”进步的理论观点。“科学→价值”进步模式的目的是提醒人们关注科学对人类的“终极关怀”，这一模式所追求的是使科学内含的全部价值“相互协调和全面增值，且不产生负面效应”，即“科学的每一次进步，每一种新理论、新学科的产生、发展及其应用，不仅能够使得科学的认识价值增值（包括不断向绝对真理逼近，或者至少是能够部分地解决自身遇到的理论问题和事实问题），从而使人类自身的认识能力得到客观世界的‘认可’，而且应当促进科学的认识价值、创造价值、物质价值、经济价值、人文价值、社会价值等彼此和谐不悖，共同发展（增值），从而使科学能够给人类以最大限度的终极关怀”（李建珊、贾向桐，2000）。尽管这种提法本身并没有问题，但是这种模式所表述的毕竟是科学的应用问题而不是科学的方法论问题。它的研究内容已经超出了科学进步合理性问题的语境（context），进入了科学社会学的范围（申振东，2007）。

黄海燕、赵永乐（2009）研究了大学生的科学精神的发展。科学精神有助于大学生树立正确的价值观，大学生科学素质与修养的提高往往离不开科学精神的陶冶。科学精神为大学生提供了观察和分析问题的基点与视角，使他们能够以创新的思维和视野看待科学研究中所遇到的问题与困难，科学精神所包含的哲学思想能扩大视野，开阔心胸，启迪创新思维，潜移默化地帮助大学生提高认识世界和改造世界的能力，形成严密的逻辑思维与判断能力，超越前人及超越自我的创新能力。总之，科学精神有利于激发大学生在学术研究中的前沿意识，也有利于营造清新、活泼的社会氛围。学生通过多动手或多实践，丰富对科学研究的主观体验，在感性和理性的结合中，使科学精神内化为学生自身素养，形成科学型人格。

四、人文精神价值观

“人文精神”一词的英文是 humanism，通常译为人文主义、人本主义、人道主义。狭义的人文精神是指文艺复兴时期的一种思潮，其核心思想为：关心人，以人为本，重视人的价值，反对神学对人性的压抑和对理性的贬低，主张灵肉和谐、立足于尘世生活的超越性精神追求。狭义的人文精神是一种普遍的人类自我关怀的精神价值，表现为对人的尊严和命运的维护、追求。广义的人文精神的基本内涵有三个层次：一是人性。即对人的幸福和尊严的追求，是广义的人道主义精神，是现实生活中人的身心全面价值的体现，促进人的进步、发展和完善。二是理性。即对真理的追求，是广义的科学精神，是“一种关注人生真谛的和人类命运的理性态度，它包括对人的个性和主体精神的高扬，对自由、平等和做人尊严的渴望，对理想、信仰和自我实现的执著，对生命、死亡和生存意义的探索等”。三是超越性。即对生活意义的追求。人类不断完善自己、拓展自己、提升自己，自己从“自在的”状态过渡到“自为”的状态的一种本事。简单地说，人文精神就是关心人的精神生活，尊重人作为精神存在的价值。可见，人文精神也是文明世界的必备的精神价值观。一个国家的国民人文修养的水准，在很大程度上取决于国民教育中人文教育的地位和水平。

人文精神的意义在于它是一种普遍的人类自我关怀，表现为对人的尊严、价值、命运的维护、追求和关切，对人类遗留下来的各种精神文化现象的高度珍视，对一种全面发展的理想人格的肯定和塑造；从某种意义上说，人之所以是万物之灵，就在于它有自己独特的人文精神。

人文精神价值观具有下列特征：一是尊重人性，是对人的幸福和尊严的追求，是广义的人道主义精神。二是尊重多元性和个性化。人文精神就是多元精神。它追求人的多元化发展，主张每个人都应当是有个性的。多元精神坚持价值和意义的多样性，反对统一化、普遍化的要求。所以，人文精神就意味着要打破各种严格的、非人性的清规戒律，它追求的恰好是不确定性，而不是确定性（李亚林，1999）。三是具有非理性的成分。人文精神所追求的不是精确化，而是模糊化，这是因为它的对象是不可能精确化、定量化的。比如爱情，就无法计算出它有多深或多重，也无法控制，我们没有办法让一个人去爱一个他所不喜欢的人，假如可以计算和控制的话，也许恋爱就会成为一种毫无趣味的事情了。

第七章　青年婚姻家庭价值观

“家”是象形文字，就是一个房子（宀）里豢养有牲畜（豕），古代的解释就是猪舍的意思。因猪所生子众多，故引申为人的住所，且有多子多孙繁衍之意。家就是家庭之意。家庭是社会团体最基本的组织，对延续人类社会、进行文化传输具有重要意义。家庭是人类社会最基本的单位，也是个人在一生中最重要的成长环境与生活场所，个人的人格、行为、态度的发展均受到家庭的重要影响。家庭是个人成长的摇篮，起飞的跑道，进攻的出发地，退却的据点，休整的营盘，避风的港湾，归宿的乐园。体验爱情、组织婚姻与建立家庭是青年人生活的重要组成部分，也是青年人的发展任务。经由爱情、婚姻构建家庭生活方式，促进个体以及家庭成员的发展，是青年人生活的意义所在。爱情价值观是人的价值观在爱情问题上的具体体现，涉及什么样的爱情有意义、什么样的婚恋生活幸福以及选择什么样的婚恋对象等问题（黄希庭，2002）。

家庭价值观是指家庭成员判断是非以及对某件事情的价值所持的态度，它规范了各个家庭成员的行为方式，影响着家庭成员对外界环境的感受和反应性的行为。

第一节　青年的择偶价值观

现代婚姻的结合讲究选择的自由与以恋爱为基础，现代家庭更重视伴侣的情感契合。随着工业化与都市化的发展，大多数青年人必须离开原生家庭，独自离开生长的环境到外地工作，并在工作地区谋生，这样，来自亲属团体的约束力或影响力逐渐减弱，同时，透过就业关系，异性之间的互动机会大为增加，使得青年人在选择婚姻伴侣时拥有的自由度比以往任何时代都高。此外，工业社会流动性较高，都市的居住空间较为拥挤，过去盛行的大家庭逐渐由父母和未婚子女组成的核心家庭所取代。核心家庭的主轴是夫妻关系与亲子关系，人们从这样的家庭中更可能有机会获得情感支持，因此现代家庭十分重视自由恋爱以及家庭成员之间的情感契合。

一、择偶价值观的发展趋势

择偶是指社会个体选择配偶的行为，是婚姻建立的前奏。择偶价值观是在以情感为基础的前提下，权衡个人的特征和属性，做出承诺与他人共度余生时的准则。择偶价值观影响男女选择结婚对象的条件或要求。择偶是为婚姻和家庭生活做准备。通过体验爱情，顺利完成择偶过程也是青年期的重要发展任务。无论是对男青年还是女青年，都需要发展起对家庭生活和对生儿育女的健康的态度和价值观，因为他们日后的很大一部分时间将从事这些生活活动，例如打理家庭生活、护理和抚养儿女等。

（一）择偶价值观的时代变迁

在以往社会，婚姻并非是个人的私事，选择谁与自己终生相伴，也不完全取决于自己的喜好和意志，而更多地受家庭制度、社会价值和风俗习惯的制约。近年来，尽管对有些择偶标准的评价存在着较高的代际延续性，但是择偶标准的代际变迁很明显地表现出来。

代际延续性较好的择偶标准主要是为人可靠、成熟稳重以及气质优雅等，这些择偶标准一直受到男女双方的重视，男女两性都特别看重对方的孝敬和善解人意，同时对方的学历、职业、健康以及事业有成等当前是隐性的，具有很大的转化为物质的潜能的因素依然受到重视，对住房、收入、财产、积蓄等显性的经济实力的重视更是增幅较大。此外，男性比女性更加注重对方的身体健康、烹饪水平、持家能力以及容貌身材等择偶标准，而女性较之男性更加重视男方是否志向远大、追求上进、教育背景和经济状况。男性更看重女方的温柔体贴，而女性更看重男方的事业发展潜力、办事能力，还期望有健康的身体和豁达忍让的性格（李煜、徐安琪，2004）。

30 年来，青年的择偶行为也出现了明显的变化。上海社会科学院的徐安琪和李煜，对中国择偶标准的年代变迁、性别偏好和现实匹配进行了研究。结果表明，在青年择偶过程中，相对于 30 年前，已经弱化了政治取向，减弱了对健康、老实和理想志向的重视，更加看重双方性情的相容互补、社会经济条件的具备、婚姻的稳定和长久。

关于择偶标准的代际变迁的研究发现，对男女两性而言，从 1939 年到 1996 年这 57 年间，两性择偶时对相互吸引和爱慕、教育与知识、善于社交及容貌方面等指标的重视程度总体上有所上升。与之相反的情况是，对儒雅、整洁、贞操等指标的重视程度总体上有所下降。有些代际变迁还存在性别差异，男性对未来伴侣的教育背景和经济状况的重视总体上有所上升，而对烹饪技能和持家能力的重视程度则总体上有所下降；女性对志向远大、追求上进指标的关注有所降低（D·M·布思、T·K·沙克尔福德、L·A·柯克帕特里克等，2010）。

择偶价值观的时代变迁在以下几个方面出现了显著的变化。一是贞操价值观。对贞操标准的评价是最显著的文化变迁之一。自20世纪80年代中后期以来，人们对艾滋病的恐惧感急剧增加，使得全球范围的青年人对贞操的重视度稍有增加。现代意义上的贞操观，是对爱情的忠贞不渝，严肃地对待恋爱和婚姻，这是对男女双方的共同要求，而不是单纯指向女方。以为现代性爱观念就是性欲的放纵，不是无知便是曲解。之所以有这样的看法，和西方的性解放、性自由有关。人类的性关系不单纯是自然现象，而且是复杂的社会现象。它不仅是两个人之间的私事，而且涉及下一代人，关系到社会的安定团结，因而必须受社会伦理道德的规范和法律的制约。恋人之间在履行法定的结婚手续之前发生性关系，会带来一系列不良后果。这与崇尚自由以及享乐主义的外来文化思潮的污染分不开。二是两性对容貌的关注都在稳步递增。三是男女经济条件的重要性上升。女性获取经济资源的机会在不断增多，女性获取种种资源的量在不断增大，而正是这些因素引发了男性择偶时更重视女方经济资源的巨大变化。四是男女双方在择偶时都对对方是否善于烹饪和持家有一定程度的重视。

（二）出现新型“择偶”模式

对于当前的择偶模式，即男性更看重女性的温柔体贴，而女性更看重男性的事业发展潜力这一点，徐安琪和李煜认为用“扩展的交换理论”可以加以解释，这种解释颇有新意，因为它有别于以往的“郎才（财）”和“女貌”的简单交换解释。男性偏好的“温柔体贴”仍然是女性“家庭服务”资源的基础，而女性期待的“事业发展能力”、“办事能力”是男性“经济保障资源”的潜在能力。因此，男女两性之间并不是简单地以“现存”条件来选择和交换，而是通过预期“未来”会发生什么的“潜在”条件来选择和交换，这是一种扩展式的交换，它具有一些新特点，即这种交换未必都是明确的和外在的资源，而是模糊和内在的资源。所以，这种交换不同于市场上简单的交换，而是一种扩展的复杂交换（薛亚利，2010）。

二、择偶价值观的有关理论

（一）爱情三角形理论

斯腾伯格（Sternberg，1986）提出了爱情三角形理论。这个理论主张，爱情中存在三元素。

一是亲密（intimacy）成分。即指伴侣间心灵相近，互相契合，互相归属的体验。亲密包括如下内容：①有改善所爱的人的福利的愿望；②与所爱的人在一起体验到快乐；③对所爱的人高度地关注；④在需要帮助时能指望所爱的人；⑤互相理解；⑥分享自我的优点与缺点；⑦接受来自所爱的人的情感方面的支持；⑧对所爱的人提供情感方面的支持；⑨能与所爱的人进行亲密的沟通交流；⑩重视对方在自己生活中的价值。斯腾伯格提出的这一成分也广泛地存在于较深的友谊关系之中。

二是激情（passion）成分。即指强烈地渴望与伴侣结合，促使关系产生浪漫和外在吸引力的动机，也就是与“性”相关的驱力，或称“情欲成分”，这些驱力能引起浪漫恋爱、体态吸引以及性完美等现象。或者说，该成分就是在爱情关系中能引起激情体验的各种动机性的唤醒源以及其他形式的唤醒源。它包括一种激烈地渴望与另外一个人成为一个统一体的状态。在爱情关系中，性的需要是引起这种激情体验的主导形式，除此之外，诸如自尊、养育、亲合、支配、服从以及自我实现等需要也是唤醒源。

三是决定/忠守（decision/commitment）成分。即指个体“决定”去爱一个人和对两人之间亲密关系所作的持久性承诺。在现实中，许多人实际上在心理上承担了对另一个人的爱，却未必承认，更不要说做出什么决定了。然而，无论是在时间上，还是在逻辑上，大多数的情况都是决定成分优先于忠守成分。这一成分大体上相当于我们中国人常说的“山盟海誓”、“天长地久”、“忠贞不渝”之类，但不是指行为，而仅指认识（认知）方面。

随着认识时间的增加及相处方式的改变，上述的三种成分将有所改变，爱情的三角形会因其中所组成元素的增减，其形状与大小也会跟着改变。三角形的面积代表爱情的质与量，面积越大，爱情就越丰富。在三种成分下有八种不同的爱情关系组合，其分别为：①喜欢，只包括亲密部分；②迷恋，只存在激情成分；③空爱，只有承诺的成分；④浪漫之爱，结合了亲密与激情；⑤友谊之爱，包括亲密和承诺；⑥愚爱，激情加上承诺；⑦无爱，三种成分俱无；⑧完整的爱，三种成分集于一个关系当中。

爱情的三角形理论还非常形象地揭示了复杂的爱情关系。现实中的爱情往往牵涉到不止一个三角形，于是又提出了多重三角形原理。多重三角形原理的观点主张，在一个爱情关系中可能存在着许多三角形，它们在爱情关系中扮演着重要的角色。其中有以下几种是非常重要的。

一是现实中的三角形和理想中的三角形的关系。在两人关系中不仅仅存在着一个人对另一个人的现实的爱情三角形，而且对其中每一个人来说，还存在一个自己心目中理想的对象，以及自己对他（她）的爱情三角形。这两个三角形不一定相同。二是自己的三角形和对方的三角形的关系。因为人际感情必然至少涉及两个有血有肉的人，所以感情不可能是单向的，既有“己对人”的爱情三角形，又有“人对己”的爱情三角形。三是自己知觉到的三角形和对方知觉到的三角形的关系。一个人关于“人对己”感情的认识，相对于另一个人来说，就不是自己知觉到的三角形，变成了对方知觉到的三角形。现实中，一个人自我感觉对别人很好，而别人却不以为然，就是这个道理。总之，上述三组关系中任何一个如果出现了不匹配或不相符合的情况，都会造成对爱情关系的某种影响。也就是说，现实中的三角形与理想中的三角形之间的重合情况如何，自己的三角形和对方的三角形之间的匹配情况如何，自己知觉到的三角形与对方知觉到的三角形之间相符合的情况如何，都会影响到对关系的满意与不满意。

（二）亲密关系发展理论

Murstein（1987）提出的 SVR 理论探讨亲密关系如何发展。依恋爱双方接触的次数多寡来看，可分为刺激（stimulus）、价值（value）和角色（role）三个阶段。①刺激阶段：通常双方第一次的接触即属于刺激阶段。在这个阶段中，双方彼此间互相吸引，主要建立在外在条件上，例如被对方的外貌或身材所吸引。②价值阶段：一般而言，双方第二次至第七次的接触，便属于价值阶段。在这个阶段中，彼此情感上的依附，主要是建立在彼此价值观和信念上的相似。③角色阶段：通常双方大约第八次以后的接触，便开始属于角色阶段。在这个阶段中，彼此对对方的承诺，主要建立在个体是否能成功地扮演好在此关系中，对方对自己所要求的角色。虽然 Murstein 认为亲密关系包含刺激、价值和角色三个阶段，但其实在亲密关系的每个阶段中，这三种因素对关系都有影响；只是在每个阶段中，各有一个因素是最主要的影响因素。从整个关系发展历程来看，刺激因素一开始占较高的比重，之后随着接触次数的增加而逐渐上升，但是所增加的幅度很小，最后会趋于一个平稳的水准；至于价值因素虽然一开始时的比重较低，但关系发展至价值阶段的时候，这个因素的比重会迅速提高，不过在角色阶段时，其比重也会趋于平稳，且最后平稳的水准所占的比重，也比稳定后刺激因素所占的比重高；同样，角色因素一开始所占的比重最低，到角色阶段则会超越其他两个因素，且随着关系的继续发展，其比重也会不断地往上提升。

（三）爱情态度理论

Rubin（1970）将爱情定义成对某一特定的他人所持有的一种态度之后，使得爱情得以并入人际吸引的社会心理学主流内，并能使用一般测量方法研究爱情。他假设爱情是可以被测量的独立概念，可视为一个人对特定他人的多面性态度，他从文艺著作、普通常识及人际吸引的文献资料中，寻找拟定叙述感情的题目，经过项目分析、信度、效度考验而建立爱情量表（love scale）和喜欢量表（liking scale），他发现爱情与喜欢有质的差别，而其爱情量表中包含三种成分：①亲和和依赖需求；②欲帮助对方的倾向；③排他性与独占性。

（四）依附风格理论

依附风格理论将爱情关系与依附关系做了一个联结，并基于这个联结进行分类。依附风格理论主张，个体婴儿时期与人建立的依附关系，会使个体形成一个持久且稳定的人格特质，这项特质对个体在与异性建立亲密关系时自然流露出来。他们认为小时候的人际亲密关系的型态对后来的爱情互动型态可能有因果的关系存在。

1. 三类型的依附风格理论

Hazan 和 Shaver（1987）将成人的爱情关系视为一种依附的过程，即伴侣间建立爱情联结的过程，就如婴幼儿在幼年时期与双亲建立依附性情感联结的过程一样，他们根据三种婴幼儿倾向，提出爱情关系的三种依附风格，并划分出三种爱情类型。安全依附（secure style）：与伴侣的关系良好、稳定，能彼此信任、互相支持。回避依附（avoidant style）：不负责任、冷漠，害怕且逃避与伴侣的交往，难以建立亲密和信任关系。焦虑/矛盾依附（anxious/ambivalent style）：时常具有情绪不稳、极端反应的现象，善于忌妒且希望跟伴侣的关系是互惠的。

2. 四类型的依附风格理论

Bartholomew 和 Horowitz（1991）以上述爱情依附风格理论的概念为基础，发展出一种四类型的爱情依附风格理论，他们从“正向或负向的自我意像”和“正向或负向的他人意像”两个不同的向度来分析，得到四种类型的爱情依附风格：①安全依附，由正向的自我意像和正向的他人意像所造成。②焦虑依附，由负向的自我意像和正向的他人意像所造成。③排除依附，由正向的自我意像和负向的他人意像所造成。④逃避依附，由负向的自我意像和负向的他人意像所造成。

（五）“爱情轮”理论

雷斯（Riess I）提出，爱情过程像转动的车轮般，经历四阶段：①和谐投契，双方觉得彼此相处是愉快的。②自我揭露，是一种信任的表现，也是双方关系能否继续发展的重点。③相互依赖，自我揭露后，双方产生依赖感。④亲密关系的满足，觉得自己与对方有紧密的结合，并认为因为有爱情，生命显得更有意义。这是由正向的自我意像和正向的他人意像所造成的。

三、青年择偶价值观的内容

希尔（1945）制定了青年择偶调查表，此项调查表由受访者对18项择偶指标的重要性进行排序。这18项调查指标分别是：①善于烹饪和持家；②气质优雅；③善于社交；④教育背景相似；⑤儒雅、整洁；⑥良好的经济发展前景；⑦贞操（没有婚前性经验）；⑧为人可靠；⑨成熟稳重；⑩渴望家庭和孩子；⑪社会地位；⑫相貌好看；⑬宗教信仰一致；⑭志向远大、追求上进；⑮政治背景相似；⑯相互吸引和爱慕；⑰身体健康；⑱学历和能力。对这18项指标的重要程度用“四分”赋值法打分：3分=必不可少；2分=重要；1分=关注但不是很重要；0分=无关或不重要。

陈舜文（1999）研究发现，家庭价值因素中的情感因素与年龄呈显著的负相关，年轻者更重视情感因素的家庭价值观。台湾学者基于庄慧秋（1990）和王庆福（1995）等的研究，设计了爱情观量表，旨在协助人们考察爱情关系的型态与品质，增进对两性亲密关系的理解和对态度行为的重新定位，涉及友伴照顾、追逐游戏、憧憬浪漫、牺牲付出、现实条件五种型态。结果发现，友伴照顾多于其他类型。

四、择偶过程的相关理论

关于择偶过程的研究，得出了许多有价值的成果，例如同类匹配理论、资源交换理论、梯度择偶理论。因为在婚配择偶上，“同类匹配”和“梯度择偶”是人类的通性。

“同类匹配”也就是门当户对，即人们总是倾向于选择与自己的年龄、居住地、教育、种族、宗教、社会阶级以及价值观、角色认同等相近或类似的异性为配偶（马温，1918；古德，1964；凯特，1976；莱斯利，1979；约翰逊等，1984）。

“资源交换”在择偶领域的解释是，人们被某一特定的异性所吸引，是由其所能提供的资源决定的，假如某人的某一资源不足，可以更多地提供另一资源作为补偿，如在包办婚姻中，劳动力、彩礼和新娘的价格是最常见的交换，容颜姣好也可以被用来交换诸如社会经济地位、爱和关心以及自我牺牲等其他资源，黑人男子以其社会地位与白人女子的种族优势交换（戴维斯，1941；沃勒，1951；奈，1979）。

“择偶梯度”即男性倾向于选择社会地位相当或较低的女性，而女性往往更多地要求配偶的受教育程度、职业阶层和薪金收入与自己相当或高于自己，也就是婚姻配对的“男高女低”模式。尽管从社会经济地位看，男性一般在婚姻中处于优势地位，然而，女性的资源还包括肤色、长相、体型、相对年龄以及持家能力等，一些女性以她们的美貌换取男性的家世、成就或向上流动的潜力。

近期，李煜（2008）探讨了“婚姻匹配的变迁”的问题，分析了社会结构的变迁对择偶行为的影响。阶层内婚制（张翼，2003）是指人们在择偶时遵循从相同或相似的阶层群体内挑选配偶的婚配模式。择偶的内婚性，即社会地位匹配可以从先赋性（ascription）和自致性（achievement）婚姻配对两种角度来分析，前者比较择偶双方的家庭背景，看是否“门当户对”，它是从代际阶层再生产的角度测量社会的开放性程度；后者是从婚姻当事人个人的角度，看双方是否“般配”，侧重考察阶层结构的建构过程及其固化程度。因为代际继承的存在，夫妻间社会地位的相似性在很大程度上也是代际阶层再生产的结果。“先赋性”和“自致性”研究框架的创新之处在于，将原来含混的阶层内婚配概念区分为家庭背景的“门当户对”和当事人之间的“般配”，并指出两者完全可能出现不同的发展趋势。

第二节　青年的婚姻价值观

一、当代青年婚姻观的问题

（一）性爱观念的改变

世界各国的性爱观念含有许多共同的因素。在传统的中国社会，性是长期被禁锢的对象。封建礼教把性爱看做万恶之源，性欲被认为是下流的、卑鄙的，人们对性爱讳莫如深，以至于把异性之间的正常交往和情感表露与淫欲混为一谈。两性之间的性行为被严格地限制在已婚的夫妻之间。热恋中的男女发生婚前性行为，即使说不上大逆不道，至少也是丑不可闻的。女子失贞以后身价就大大降低。对性行为的这种限制，并不是我国传统文化所独有的。美国学者认为，所有社会都存在赞成某些性行为和非难其他性行为的社会规范。近年来，许多研究者根据不同的理论基础，考察了当代青年性爱观念的内容。吴鲁平（1999）认为，性爱观里又包括性开放程度、婚前性行为等因素。胡利人、徐盈、谭秋浩等（1999）认为，性观念中包括对贞操的看法、婚前性行为和婚外性行为的看法等因素。罗萍、封颖（2001）认为，性观念里包括性开放程度及婚前同居等内容。郭霞（2003）认为，性观念包括对手淫和对性行为的态度等因素。蔡宜旦（2003）认为，性观念包括对婚前性行为与同居的态度等因素。可见，性爱观念中一般包含贞操观、婚前性行为、婚外性行为、手淫等性偏差观念。其中，最为关键的因素是贞操观。

贞操观是一种道德观念和道德要求，它伴随一夫一妻制而产生，到封建社会发展到了极端，成为对女性单方面的性道德要求。男子可以纳妾，可以宿花眠柳，而女子必须恪守贞操，即一不失身，二不改嫁，必须从一而终。传统的贞操观对男女两性采取的是双重性标准，其目的在于巩固家长制下的夫权，维护血统的所谓纯洁以继承家庭私有财产的所有权。传统的贞操观使得男性和女性在性关系上处于占有和被占有的不平等位置，极大地压抑和摧残了女性的性权利。当代青年对婚前性行为一般持有宽容、谅解的态度，既说明贞操观的淡化，也说明性爱观念的松动是社会进步的标志之一。

形成正确的性爱观念是青年婚姻家庭幸福的决定性因素。现代性爱观念主要包括：①男女对爱情的忠贞不渝，严肃地对待恋爱和婚姻。破除封建的贞操观不是不讲贞操，不是不要求洁身自爱。打破性的禁区，绝不意味着在两性关系上可以随心所欲、恣意放纵，而不受道德的约束。②人类的性爱关系不单纯是自然现象，更重要的是社会现象。它不仅是两个人之间的私事，而且涉及下一代人，关系到社会的安定团结，因而必须受社会伦理道德规范的制约。③容忍性爱中的性偏差行为是不健康的性爱观念。

性爱价值观对个体发展的积极作用往往表现在以下几个方面。一是性爱行为是个体基本的生理需求。性爱是双方喜乐的源泉，爱者在爱的行动中把自己给予被爱者，并且因为能给予与能被接受而体验快乐。性爱使双方彼此在深爱着对方的时候，他们的心灵都起了共鸣，互相察觉到对方的需要、渴望与感受，有利于双方发现自己及对方的潜能。透过互相的分享与参与，使彼此共同开展一个比先前自己的视野更丰富、更广阔的新境界。二是性爱促进个体自我意识的发展。个体的肯定在爱的滋润中提升，爱者的意识在参与了被爱者的内心境况后而得以进一步的开展，双方的心灵获得了更新，双方愈参与珍惜彼此的临现，愈从对方的爱中肯定自我的可爱。三是性爱促进个体人格成熟与潜能开发。性爱在配合了性行为而达到最高峰的刹那，双方都跳出自己而投奔对方，在完全的给予与付出中，共同超越了自我个体的孤立感。性爱使人扩展新的视野，使人发现内心更深入的潜能，使双方更能互相造就，在人格上变得更成长，个体生命显得更充实、更丰盛，共同被提升到更高的存在境界。

（二）婚姻关系价值观的挑战

近年关于青年婚姻关系价值观的内涵主要涉及家庭观（方敏，1998）、婚姻基础观（马建青、严立芬，1999）、婚姻年龄、结婚形式、婚外恋观、离婚观（解英兰，2002）以及关于恋爱与结婚的关系、结婚愿望、家庭和个人的关系的观念（王平一，2002）。

青年婚姻关系价值观面临着挑战与困惑。在现代的婚姻关系中，青年急需应对的问题有：一是大男子主义，二是男主外、女主内的传统观念，三是夫妻角色僵化的问题。由于社会角色的类别很多，现代社会中，无论何人，若是想要在家庭中、工作场合中、人际互动中得心应手，一个绝对重要的条件就是必须拥有足够的角色经验来与周遭的人相处，否则必然困难重重。此外，角色之间的转换速度要快。人与人的相处必须时时保持人际之间的灵敏度。与他人的人际互动欲得心应手，不仅角色的类别要多，而且，从一个角色变换至另一个角色的速度一定要快；否则，纵使角色已经变换也徒然无功。

（三）建立幸福婚姻关系的困惑

社会学家 John Cuber 与 Peggy Harroff 在研究婚姻关系时，将婚姻关系分成六种不同型态。①有冲突习惯的夫妻关系：在他们的生活中充满了紧张与冲突的气氛，夫妻经常挑剔与争吵。在这种婚姻生活中，双方经常抓住对方的缺失加以抨击，对过去的错误一提再提，无法原谅对方。互相讥评或破口大骂成了家常便饭，甚至有时亦不顾一切在朋友面前爆发。②丧失生命活力的婚姻关系：这种型态的婚姻关系似乎非常普遍。在这种类型中，对婚姻的满足与活力随着结婚年代的增长而减少。他们在早年的婚姻生活中很甜蜜，共同享有许多事情，有美满的性生活。但是，曾几何时，逐渐发现对方没有什么吸引力，夫妻生活好像表面化了，二人仍然生活在一起，似乎仅是为了婚姻的义务。彼此间显得互不关心、失去兴趣、没有活力，也没什么好交流的。③缺乏共同兴趣的婚姻关系：这种婚姻关系令人有一种冷漠、空虚之感。丈夫与妻子虽然一起做一些事情，但彼此之间似无深挚的感情。这种类型与丧失活力型很类似，不同之处是，前者自结婚当初即保持这种疏离的关系，而后者是逐渐丧失亲密之情。这种冷淡无情感的夫妻关系，起因多为丈夫或妻子将他们的精力与时间置于婚姻之外，情感亦置于婚姻之外，结婚主要是为了经济上或其他因素。④充满生命活力的婚姻关系：这种夫妻关系是两人在心理上彼此紧紧维系着，同时分享彼此的经验。这种出自自然的爱情使夫妻两人不仅水乳交融，往往也会牺牲其他的计划或目标以满足双方的婚姻美满。这种婚姻关系充满了生命活力，但并不是意味着他们从来没有吵架或冲突，也并非各自失去了自我的认同，当意见不合时，能很快地解决问题，彼此互让，不在乎谁对谁错，而是在婚姻生活中寻觅最有意义的沟通与体谅。⑤圆满整合的婚姻关系：此种婚姻关系的夫妻互敬互谅，遇有不同意见时，总是设法在不伤及双方情感之下解决问题。这种关系和充满生命活力型其实是一样的，只是此类型更完美无瑕，是属于百年好合，永远在度蜜月的理想婚姻。⑥周期性冲突的婚姻关系：在周期性的婚姻关系中，夫妻关系似周期性地时好时坏，非常不稳定。因为两人往往在经历一段时期的冲突，不能互相适应之后，便接着再经历一段时期的快乐幸福时光。

当代青年需要对婚姻关系以及婚姻中的互动形成客观、发展性的认识，并积极探讨形成具有独特性的婚姻幸福的过程和影响因素。目前，对这个领域的可操作性强的研究相对较少。

二、青年婚恋价值观的结构

（一）青年夫妻关系价值观

现代男女的婚姻基本上是有意愿、有能力，以及有计划的契约行为；它是双方个体生命间的相互沟通，人格的相互信任。夫妻相敬情笃是夫妻价值观的理想状态。夫妻各自要认识自己、了解对方，夫妻间的恩爱是身心的契合，彼此互信互赖，绝非条件的交换，它不应随一方的地位变化而移情。从现实层面来说，夫妻彼此之间能忠贞不渝，则外遇、离婚之事自然不可能发生，也不致造成无辜子女的心灵伤害，自可减少问题青少年的产生，进而减少社会问题的出现。

（二）性爱价值观

性爱价值观是一个内容丰富的准则。首先，形成对性的正面看法。性是人的本能，也是心灵的欲望。追求性的满足是青年的基本需要，由于性的生理需要处于个体的需要系统的底层，说明由于满足性需要而产生的内驱力可能是巨大的。对于人的性驱力，必须中肯对待，并积极通过满足较高层次的需要来调节。例如，青年借助于运动可以调节性欲望产生的烦恼。其次，形成个体的独立性。现代思潮的确指引青少年在每一方面都保持个体的独立性。个体独立是强调个人对自己行为有选择自由，其意味着个体要为自己的行为全权负责任，不是说一己的行为与群体无关，不得干涉。再次，性爱男女公平共享。关于性的权利不再有双重标准，性爱男女公平共享。在性爱中，男女平等，符合真理。

（三）婚姻权力关系

夫妻角色表现是指在现代社会中，别人对其职位与所负责任所认同的定位、行为模式或行为表现。在传统婚姻关系中，要求女子“在家从父、既嫁从夫、夫死从子”的“三从”，既剥夺妇女的个别性和独立性，又单方面要求女子居于无条件的从属地位，是男权和夫权的典型表现。

随着社会的发展，双职工家庭逐渐增多，对妻子而言，参加社会工作，家庭角色引起了她们对原有的家庭分工不满，从而要求重新调整分工模式。对丈夫来说，妻子参加社会工作，冲击了原有的家庭两性分工，挑战了自己的主导地位。

夫妻重新分配家务分工中的责任。在中国传统婚姻中，家庭模式是“男主外、女主内”。女子在嫁为人妻后，必须表现服从，要能料理家务，妥善运用从小自母亲处所学的女红，侍奉公婆，服侍丈夫，照顾小孩，充分展现贤妻良母的风范，丝毫不能有些许自我表现。在现在的双职工家庭中，妻子对传统的两性分工模式进行质疑，要求重新建构家庭的分工模式，共同分担家务，与此同时，丈夫不满意妻子的“不称职”和自己“一家之主”权威的消失，极力维护原有的两性关系平衡，这样一来，婚姻冲突自然就会发生。而且，这种冲突不仅仅发生在“谁应做什么”和“做多长时间家务劳动”这个层面，同时也涉及双方的角色理解、期望以及与此相关的权力关系和公平意识。家庭“主妇”和“煮夫”的角色逐渐被当代青年所接受。

家庭决策权的特征反映了夫权的特征。中国传统妇女在婚姻家庭中不是“从妻性”就是“从母性”，她们往往只能通过家庭特别是丈夫和子女来体现其自身价值。“忍让”和“服从”构成了家庭关系网络中的主要特点，因为只有这样才能保障家庭权力的高度集中。少的服从老的，女的服从男的，没有个人的利益，每个人都要为家庭这个整体“负责”。个人的价值就是在这个服从和贡献过程中体现出来的。丈夫曾经作为家庭中主要有收入的人，对妻子有绝对的控制权，从事没有“价值”的家务劳动的妻子，很难与丈夫在家庭中占有同样受尊重的地位。随着社会的进步和市场经济的发展，婚姻观念走出传统，对婚姻有自主权，对婚姻、离婚价值观已有改变（蔡勇美、伊庆春，1995）。男女平等的观念深入人心，女性婚后连续就业成为可能，妇女经济的独立性得到了保证，夫妻间的关系由夫权统治转变为夫妻平权。女性角色和地位的变化打破了这种家庭关系以及由此而产生的不平等的权力关系。男女平等的理论和实践，社会资源的获得提高了女性的地位，引发和激发了她们要求权力和平等的意识。丈夫传统的权威减弱和地位受到威胁。婚姻冲突正是在这样一个发展脉络中，同权力关系的解构和建构、失衡与再平衡紧紧连在一起。

三、青年婚姻价值观的特征

（一）重视爱情因素和彼此相互成全

传统的婚姻观念是不问婚姻当事人之间有无感情的。封建社会为男女设下大防，男女授受不亲，青年自然也无从产生感情。从旧社会过来的夫妻绝大多数婚前没有经过恋爱阶段，有的人是先结婚后恋爱，有的人则相互间始终没有建立起感情，但即使这样也能厮守终生。现代婚姻强调以爱情为基础，男女两性互相倾慕恋爱，其热烈和持久的程度达到了渴望对方成为自己终身伴侣的程度，双方由此结为秦晋之好，乃是天经地义之事。

现代青年的婚姻重视爱情因素。婚姻是以爱情为基础的两性结合，是人类迄今为止最进步的婚姻关系。婚姻是心灵的默契，具有心理上、感情上的亲昵性和共容性。婚姻是一个蕴涵多重因素的爱，其中包括友谊、性、生育等。婚姻是一个过程，男女在彼此的相处中追求关系的稳定、成熟、亲密与真诚。

现代青年的婚姻重视两人彼此相互成全。婚姻是最能实现性的人性意义的情境。结婚双方在身体心灵的整合下，生命得到滋润，得以发挥，促使双方共同学习爱，共同迈向至善。婚姻是一个承诺与决定，使两人成为一体，互爱互助，帮助人成长，与所爱的伴侣携手共创人生的生活方式。婚姻是真诚的亲密与持久的奉献，两人同心协力经营生活，面对障碍与挑战。

（二）呈现婚姻与生育分离的趋势

现代婚姻在爱的合一中孕育新生命，在新生命的负担中孕育成熟的爱。子女的诞生往往使婚姻生活显得更充实与更完美，也使家庭更具有不容拆散的意义，因为子女要求有一个完整的家来让自己有所庇荫，安然成长。夫妻的结合，借着新生命的诞生而获致圆满，进而为子女的存在而负责，养育子女成为夫妻合作的具体方式与过程之一，在此价值实现的过程中孕育更成熟的爱。

生男生女的差别逐渐消失。传统生育观“不孝有三，无后为大”等在我国源远流长，影响深远。婚姻的主要功能之一在于确认合法的后代，而由此带来的结果是合法继承姓氏、血统和财产。现代的部分青年依然持有传统生育观，尤其在中国农村和边远地区。在那里，社会保障处于起步阶段，家务劳动社会化的程度低，农村中老有所养还离不开子女，存在着养儿防老的客观需求。在城市，由于男女分工不太明显，传统生育观的影响相对于农村较弱，生男生女都一样的观念更易接受。

婚姻与生育相分离的观念逐渐被人所接受。随着农村人口大量涌入城市，青年的生育观发生了明显的变化，一方面生男生女的观念逐渐由差别转变为平等，另一方面出现婚姻与生育分离的趋势。例如，在北京等一些大城市中出现了婚姻与生育相分离的微弱信号。育龄夫妇中的自愿不育者队伍正悄然扩大，但更多地限于文化层次较高的知识分子。他们选择不育，并不是生理上有什么不孕的缺陷，有的人是为了自己生活得轻松些，有的人则是为了追求事业的成就，实现自我价值，更多的是出于对人口爆炸的忧虑。如果这种婚姻与生育相分离的观念不局限于少数高层次的知识分子而被更多的青年所接受，如果这种微弱的信号扩展成为一种趋势和倾向，将大大有利于控制人口增长和提高人口素质。但是，婚姻与生育相分离的观念可能会带来一系列社会问题。

（三）理性看待性爱在个人发展中的价值

近年来，研究者探讨了性爱的价值观问题。有的研究者主张，性不仅是肉体之间的本能关系，更是精神之间的交流关系，它受社会教化的影响和制约。正如有的学者指出（丁万华、谷雪峰，2001），性是一个包括自我力量、社会知识、个性和社会准则等与生理功能密切结合的一个高度复杂的体系，至少有三种存在方式：生物存在、社会存在和心理存在。

近年来，我国传统婚姻关系中的性爱价值观发生了巨大变化。首先，传统社会的男女两性在性关系上是不平等的。丈夫可以为所欲为，可以在家庭之外满足自己的性欲；相反，则要求女性在婚前要保持贞节、婚后要对丈夫忠诚；丈夫死后，妻子要为其守节、不能改嫁。现代则主张性爱具有忠诚性和排他性。把一对一的婚姻状态看成是最适合人性发展的状态。性爱要求人把自己完全交托并完全接纳对方。在这完全交托与接纳中，不可能再有空间给第三者。双方的结合借着婚礼的仪式而郑重其事地把二人之爱的誓愿事象化，以落实上天的见证与祝福，企图把人间最美好的爱超越化、永恒化，以标示出爱的光辉与其中的长、阔、高、深。成熟的性爱指向对方、指向“你－我”的交融，更指向婚姻双方交融的结晶——子女。

其次，中国传统社会提倡性的压抑状态。性仅仅是传宗接代、生儿育女的途径；而在现代社会性成为夫妻之间表达爱情和寻求身心快乐的一种合法又合理的方式。性是人们的全部生活中除饮食外的最为基本的部分，与人的热情、想象力、创造力等心理因素以及众多社会因素之间都存在某种联系。有些学者认为，婚姻关系中的性是权利和义务的统一。个体享有性权利的同时，承担对性关系的异性对象关心、爱护、忠诚、扶助的义务，承担对由性关系产生的子女抚养、抚育、教育、呵护的义务，承担对性关系的婚姻家庭维系、加强、巩固、保护的义务，承担对性关系的存在社会服从社会规范、增进社会安定、推动社会文明发展的义务（王伟、高玉兰，1992）。

（四）期望婚姻形式的多元化

改革开放的深入和拓展无疑对国内政治、经济、文化环境的变化产生了极为深刻的影响，因此人们的价值观念和婚姻家庭观念逐渐呈现较为多元化的特性，现代人的婚姻多强调感情而非责任，例如出现了同居、未婚妈妈、单身贵族、试婚等各种前所未有的现象。婚姻理想形式的多元化最直接的后果就是增加了大龄青年的人数。

第三节　青年家庭价值观

当前社会中居高不下的离婚率，单亲家庭的增加，说明了现代人对婚姻观念的转变，以前因媒妁之言、父母之命而结婚，从一而终、三从四德，无论如何都尽量维持住婚姻等，这些观念都已经有所休整，表现了中国传统的婚姻家庭价值观的改变。

一、中国家庭价值观的变化

中国传统社会是以男权和夫权为中心的。即使婚姻成立，妻子也没有独立人格存在，夫妻的共同财产均被纳入男方的家族组织之下，呈现家族化的趋势。现在夫妻关系涉及配偶关系、姻亲关系和家族关系。现代的婚姻中，婚姻一旦成立，则夫妻均在夫妻人身关系和财产关系上成立。

中国传统社会压制夫妻关系。社会强调父子关系而压抑夫妻关系，夫妻关系仅是父子关系的附属，夫妻间是统治者与被统治者的关系，婚姻只是为家庭找媳妇，子女的主婚权被父母垄断，故在大部分家庭中夫妻是没有爱情基础的，妻子对丈夫绝对服从、宽容忍让。自从汉代明确了“夫为妻纲”之后，这种男尊女卑的倾向更为明显，夫妻关系与君臣的尊卑、隶属关系同列。

现代社会的婚姻观的改变也致使家庭观的变革。主要表现在：①由“男大当婚，女大当嫁”转变为“婚姻并非唯一的选择”。②由“认命”的婚姻观转变为可能以“离婚”来解决婚姻问题。③夫妻平等相待，“一夫一妻”制成为社会的主流。相应的婚姻关系也发生了改变。个人资源充足，相对较不重视婚姻的工具性价值，导致迟婚、不婚、离婚率高，单身家户（single household）快速增加；再婚率提高，家庭成员关系渐趋复杂；单亲家庭比率增加；同居关系增加（同居家庭）。

二、青年家庭系统的特征

现代的青年家庭比传统的家庭结构发生了巨大变化，主要表现在以下方面：一是家庭成员的减少。传统家庭“多子、多孙、多福气”；现代家庭以一个孩子为主，甚至是“丁克”族。二是家庭权威的改变。传统社会以大家庭为主，家中辈分最高或年龄最长的家长权威很大；现代社会亲子关系趋向平等，两性平等的观念也深植人心。三是家庭功能的变迁。

随着社会的变迁，家庭的功能也产生改变。一是生育功能改变，政府提倡节育政策，独生子女或少子化已经普遍。二是社会化功能减弱。家庭是社会化的第一个单位，随着双薪家庭增加，父母忙于工作，学前教育机构、幼儿园、学校等逐渐取代过去家庭提供的社会化功能。三是照顾功能改变。家户规模愈来愈小、人口日渐老化，育儿、养老的照护扶养责任愈来愈重。四是经济功能变化。传统社会家庭兼具生产与消费的功能，现代社会中家庭是消费单位。五是情感功能价值增大。在竞争激烈、快速变动的世界里，家庭的情感功能愈显重要，可提供家庭成员心理上的支持，具有更重要的社会意义。

三、青年亲子关系价值观

（一）父母权威降低

当前父母权威对青年人的影响受到以下几个方面的制约：一是知识经济时代的冲击削弱了父母的知识体系，出现“文化反哺”现象，子女掌握的知识要比父母更多、更先进。父母的权威性在某些方面不被青年人接受。二是现今的经济结构使得成年子女出外工作赚钱，家长不再是经济的主宰者，多少影响家长权威的存在。三是随着个性自由的价值观被越来越多的人接受，亲子之间由世代的交替产生了巨大的代沟，导致“父母难为”成为绝大多数现代父母的心声。四是由于父母均为上班族引起的父母抚养功能的社会化，父母不再是幼小的子女唯一的衣食供给者，对子女的教育也被越来越多的社会机构所承担，这些变化可能减弱了父母的权威性。

（二）崇尚民主型亲子关系

现代青年重视父母的以身作则。父母的一言一行皆在潜移默化中影响着子女的品行、性格、气质、兴趣，乃至待人处事的态度与方法等。父母应自觉在日常生活中遵守伦理规范，作为子女模仿、学习的对象。

（三）亲子关系多元化

由于家庭类型的多元化，亲子关系也呈现多元化趋势。从父母关系看，分为双亲家庭、单亲家庭和继亲家庭；从夫妻就业情形看，分为单工作家庭、双薪家庭、双生涯家庭、通勤家庭；从组成成员看，分为核心家庭、主干家庭、扩展家庭；从对家人的义务范围看，分为夫妻家庭、血缘家庭等。在不同的家庭类型中，亲子关系也表现出新的特点。

当前青年的家庭中亲子关系具有以下特征：一是亲子互动频率提高。由于家庭规模缩小，每个家庭中子女数量大大减少，父母有更多时间和精力进行亲子互动。二是子女的中心地位强化。由于计划生育等人口控制政策的实施，子女在家庭的地位受到空前的重视。三是亲代（父母）心理及行为负担增大。对子女的更多的关注以及家庭教育期望值较大地提高了现代父母感到抚养困难的体验。四是存在子代的“文化反哺”现象，削弱了父母的权威特征。社会变迁改变了传统的代间权威关系。传统社会视长辈为知识传承的核心，但是现代知识体系更新速度快，年轻一代拥有的新知识比老一辈数十年的经验更被社会所倚重，过去以年龄为基础的权威体系逐渐瓦解，亲子关系趋向类平辈。

四、代际沟通

在中国，由于历史的原因，由传统家庭向现代家庭的转型，首先表现为宗法型家庭结构的瓦解，现在正进行的是第二轮的家庭结构变革，即由主干家庭向核心家庭的转变。这一转变的直接结果就是家庭中心由父子关系向夫妻关系的偏移，而生育制度的政策性规范使独生子女逐渐普遍化，又造成了家庭重心的下移。这一结构性的变革，必然造成代际关系的危机——亲子关系的疏远和孝亲观念的淡化。

（一）孝道的行使方式具有时代特征

所谓孝道，就是以孝为准则来处理亲子关系的道德规范。也有人把孝道称为孝德。孝文化的外延比孝道和孝行都广，它是中华传统文化的重要组成部分，是中国人关于孝的意识、孝的思想、孝的观念、孝的制度、孝的行为、孝的典籍、孝的礼仪、孝的艺术作品等的统称。孝文化界是一切关于孝的物质文化、制度文化和观念文化的总和。孝作为处理婆媳关系的道德规范，并没有能有效地实现双方外在社会价值和内在主体价值的统一，现代家庭婆媳关系迫于社会舆论的压力常常是展示给社会的一面是家庭的婆媳关系和谐，而家庭内部婆媳关系并没有真正处理得好，她们双方内心的感受也并没有舒畅。

在现代社会，传统孝道面临着家庭结构变迁与代际鸿沟的严峻挑战。新的社会经济结构以及都市化住宅的有限空间都需要调适孝道的行使方式。在新的社会经济结构中，成年子女大都需要参加工作，接受比农村个体化生活更为严格的制度约束，使得成年子女不可能按时与父母亲近。在现实社会中，都市里小小公寓的有限空间迫使成年子女必须跟年老的家长“分住”。这种父母子女“分离”的事实，往往带给子女“反哺失败”的不孝感，带给父母“养育失败”的挫折感甚或家门不幸的羞辱感。

（二）代际沟通与社会发展的协调

代际关系是一种纵向的家庭关系。它是建立在血缘基础上，由共同生活的几代人构成的重要的家庭关系。即由夫妻关系派生出来的最基本的亲子关系，以及与夫妻关系、亲子关系密切相关的婆媳关系，或隔代的血缘关系——祖孙关系。代际关系又是家庭内成员的人际关系，由家庭成员之间的频繁互动构成。

就代际交换而言，青年人出现了新的特点。例如亲子间的双向依赖，如“啃老”现象就是这种依赖的负向表现。此外，还有当前代际关系中的问题，如精神交流和独立自主有待加强，城市化进程中的亲子分离和监护缺失问题，人口老龄化带来的家庭养老矛盾问题和现代社会父辈权威的挑战问题（薛亚利，2010）。

五、虚拟的婚恋价值观

随着 IT 时代的到来，网恋、网络婚姻问题成为人们关注的热点。网恋，即网络恋爱的简称，也有人称之为“网络爱情”或“数字化性爱”，是一种以现代网络空间及其电子媒介物为主要沟通手段的感情互动过程。网络婚姻，从广义上来讲是指以网络为媒体相识、热恋并结合的婚姻；狭义的网络婚姻是指在真实的婚姻以外的一种虚拟的、只存在于网络生活之中的婚姻生活。

（一）网恋价值观

随着网恋的不断升温，越来越多的人加入到网恋大军中，在“虚拟爱情”里如痴如醉，废寝忘食。网恋从表面上看，所展现的纯粹是数字与数字的关系。但深究其实质，数字关系所掩盖的恰恰是深层次的人与人的关系。

青年人的网恋价值观除传统意义上关于择偶过程的价值观外，还包括以下方面：一是网恋是一把双刃剑。由于互联网没有规范，或者说没有统一的规范，也很难建立统一的规范，网恋这种失范状态下的虚拟情感很容易就会走向失控，导致互联网情感的泛滥，而且也可能导致对于性爱和性有特殊要求的人出现性恋的异化。其结果将可能使人类的性行为出现大面积的反常。但是，网恋对青年择偶的范围、增加恋爱双方之间的互动具有重要意义。此外，由于网恋是在公共情境下的情感交流，有利于其他青年人学习和提高恋爱过程中的技能。

（二）网络婚姻家庭价值观

网络家庭是21世纪初在我国网络社区兴起的一种时髦游戏，它以对家庭生活的全方位模拟为游戏内容，一时迅速火暴网络，成剧烈蔓延之势。

青年人的网络婚姻家庭价值观包括：①网络婚烟家庭是对现实的逃避。网络婚烟是可以理解的，但是深陷网络婚姻是有害的。网络婚姻家庭之所以能在当代沛然兴起，主要是由家庭功能的弱化，道德观念宽容性增加，婚姻需求与现实条件匮乏等方面的原因导致的。②网络婚烟家庭是一种婚烟家庭理想的、虚拟的状态。青少年可以在网络婚烟家庭体验中锻炼与异性相处的能力，为将来真正的婚恋做准备，而存在对目前婚姻不满的成年人则可以总结网络婚烟家庭生活经验，认真审视和调整现实的婚姻与人际关系问题。

第八章　青年职业价值观

第一节　职业价值观概述

一个人在社会上能否有所成就，其中一个重要的影响因素就是能否树立正确的职业价值观。职业价值观这一术语最早见于20世纪50年代Super的职业发展理论中。在国外一般称为work values或occupational values。我国是从20世纪80年代才陆续有学者进行研究。在中国，职业价值观又名工作价值观或择业观。中国哲学家庄子曰“藏于内，形于外”。个人职业价值观直接影响和引导着个体的职业选择和生涯规划。许多研究表明，工作价值观与个人工作领域各项表现存在密切关系，例如个人职业选择、工作态度、工作满意度、组织认同、工作绩效等（李丽华，2000）。在当前大中专学生就业形势非常严峻的情况下，青年人能否坚持科学的价值导向，树立正确的职业价值观，不仅影响他们今后的职业发展，而且会影响到国家的未来。

一、职业价值观的概念

国内不同的学者曾经从不同的角度对职业价值观作了不同的界定。

楼静波（1990）认为，职业价值观是关于职业选择、职业生活的意义、职业等级等问题的价值的评判，主要表现为职业价值取向、职业选择原则、职业活动报酬的期望等问题上，其定义强调了职业价值观对职业选择的倾向性和指导性。他还从宏观的角度将工作价值观定义为关于工作选择、工作生活的意义、工作等级问题的价值判断。

宁维卫（1991）认为，职业价值观是指人们衡量社会上的各种职业优点、意义和重要性的内心尺度，它属于个性倾向性的范畴，同时具有社会性。

黄希庭等（1994）认为，职业价值观是人们对社会职业的需求所表现出来的评价，它是人生价值观在职业问题上的反映，是人生价值观的一个重要方面，强调了人的内部需要以及职业价值观来源，属于一般价值观。

刘璐俐（1997）认为，职业价值观是个人选择工作时所秉持的价值观，是在发展过程中个人对职业生活的能力意愿及态度倾向，形成一种动力系统，以支持或引导个人行为的趋势。它不仅对工作适应有很大影响，更是一种自我实现的方式。

凌文轮、方俐洛等（1999）认为，价值观在职业选择上的体现，就是职业价值观，也可称之为择业观。它是人们对待职业的一种信念和态度，或是人们在职业生活中表现出来的一种价值取向。

余华（2000）认为，职业价值观是人们衡量社会上某种职业的优劣和重要性的内心尺度，它是个人对待职业的一种信念，并为其职业选择、努力实现工作目标提供充分的理由，余华看到了职业价值的社会性和职业要素的理想化目标状态。

于海波、张进辅等（2001）认为，职业价值观是人们依据自身和社会的需要对待职业、职业行为和工作结果的、稳定的具有概括性和动力作用的一套信念系统，是个体在长期社会化过程中所获得的关于职业经验和职业感受的结晶，属于个性倾向性范畴的概念。

由于研究角度不同，不同的学者对职业价值观的理解也不同。职业价值观的定义可以概括为：职业价值观是指个体在职业发展过程中，对职业的偏好和价值判断，是个体从事职业活动的信念、态度等倾向性，是人们在选择职业时表现出来的一种价值取向，是个人内在的动力与引导系统，影响职业选择以及其职业行为。

二、职业价值观的特征

（一）职业价值观具有多元性

社会经济体制的新特点促使职业价值观表现出多元化的特点。在计划经济体制下，个体注重职业的等级性，人们选择职业的顺序是先国营后集体，先大集体后小集体，就业的岗位是先机关后生产一线。随着社会经济体制的逐步完善，当代可供青年选择的就业单位呈现多样化，外资企业、民营企业、三资企业、乡镇企业等都成为他们选择的主要目标。近几年，随着国家政府的支持和大学生自主意识的增强，越来越多的大学生倾向于自主创业。因此，多元化的社会文化氛围是青年职业价值观呈现多元化的深层原因。长期以来，传统文化对青年职业价值观的形成起着重要作用。一方面，传统的思想文化通过各种方式熏陶人们的心灵，塑造人们的品格，成为青年确立正确的职业价值观的重要资源；另一方面，中国传统文化中消极的、落后的价值观开始回潮，如封建迷信腐朽的人生观念、儒家的某些保守观念等对青年职业价值观也产生一定的负面影响。随着改革开放步伐的加快，外来文化逐渐渗透进我国，西方文化在拓宽青年人的知识视野、促进青年人个性张扬的同时，其本身固有的极端个人主义、拜金主义的思想也影响着他们。同时，现代社会崇尚个性解放、追求个人价值实现的风气，也通过网络、媒体等多种渠道向青年人辐射。在这种多元、多层面文化氛围的影响下，青年职业价值观也呈现出多元性甚至矛盾性。

（二）职业价值观具有发展性

价值观是个体的个性倾向性。个体的个性发展存在一个发展过程，不同年龄的个体其职业生涯的发展特点不同，生活经验不同，导致个体职业价值观的发展变化。根据马斯洛的需求层次理论，当个体低层次的需要得到满足以后，他就会产生更高层次的需求。从职业生涯来看，大多数人的职业价值观具有阶段性，特别是随着某一阶段的自身需求满足后，新的职业价值观也就会随之产生并确定下来。

（三）职业价值观具有相对稳定性

职业价值观属于意识形态领域，虽然会随着社会存在的变化而发生变化，但是它具有相对的稳定性。它总是从属于一定社会的核心价值观，并接受社会核心价值观的指导。虽然个体在社会上从事不同的具体职业，只不过职业规范、职业纪律、职业责任等有所区别，但都是从属于社会的核心价值观体系。如果背离了社会认同的核心价值观体系，职业价值观就会迷失方向。

（四）职业价值观具有社会历史性

职业价值观属于意识形态领域，也是一定社会经济关系的反映。社会与经济体制变革会直接影响到职业价值观的变化。从计划经济到市场经济，这种社会体制的转型主要表现为对功利性价值的最大追求，导致人们在择业时更多地关注职业和行业之间的经济收入差别，社会职业评价标准也发生了很大变化。此外，社会经济的发展致使职业现场对人才的需求发生了变化，对人才的结构、数量和层次有了新的要求，这对青年职业价值观的发展产生了深远影响。

三、职业价值观的分类

（一）目的性职业价值观和工具性职业价值观

目的性职业价值观是工作时能否不断追求个人自我发展，发挥个人才能与创造力，提升生活品质、获得成就感与领导权、赢得他人尊重与达成人生目标的价值等，如自我成长取向、自我实现取向、尊严取向。工具性职业价值观是个体能否获得良好的社会互动，拥有良好的人际关系与稳定的生活，免于工作所衍生的焦虑，服务于组织制度与环境完善的组织来满足安全感，维持生活所需的报酬与休闲活动的价值，例如社会互动取向、组织安全与经济取向、安全与免于焦虑取向、休闲健康与交通取向。

（二）内在价值观与外在价值观

Wollack 等（1978）编制了适用于后青春期至成人的工作价值调查量表（survey of work values，简称 SWV），测量受试者的内在（与工作有关）及外在（与报酬有关）的工作价值观。内在价值观是个体倾向于追求在工作中能使个人自我成长、发挥个人才能与创造力，提升生活品质，获得成就感，赢得他人尊重与肯定以及达成人生目标的价值。内在工作价值观是一种内在实质的成长价值，个体能从工作中获得喜悦与满足，追求工作活动本身具有的价值。那些视工作为个人爱好与兴趣的个体其内在的工作价值观会增强。外在价值观是个体偏好工作所得、升迁机会、工作安定性与声望等方面的价值。外在职业价值观是一种外在获益成分的价值，个人期待从工作运作中得到利益，把工作看做手段或方法，具有工作之外的，又与工作息息相关的价值标准，那些把工作看做获得个人利益的手段的个体，其外在的工作价值观往往较高（胡阑沁，2006）。

（三）依据人与环境的匹配关系分类

美国职业指导专家霍兰（1966）在人格理论基础上发展了职业价值观理论。他根据劳动者的心理素质和择业倾向划分出六种类型：现实型、研究型、艺术型、社会型、企业型与传统型。①现实型的人偏好与物体打交道，喜欢摆弄和操作具体有形的实物，缺乏社交能力，不适应社会性质的职业。具有这种类型人格的人其典型的职业包括技能性职业和技术性职业。②研究型的人偏好对各种现象进行观察、分析和推理，并进行系统的和创造性的探究，以求能理解和把握这些现象，喜欢智力的、抽象的、分析的、独立的这些类型的职业，但缺乏领导才能。其典型的职业就是科研人员、教师、工程师等。③艺术型的人具有想象、冲动、直觉、无秩序、情绪化、理想化等人格特征，偏好模糊、自由和非系统化的活动，并在这些活动中创造艺术作品，完成自我表现。其典型的职业就是艺术方面的演员、导演、艺术设计师等，音乐方面的歌唱家、作曲家和乐队指挥等，文学方面的诗人、小说家和剧作家等。④社会型的人具有合作、友善、助人、负责、圆滑、善社交等人格特征，偏好对他人进行传授、培训、教导、治疗和咨询等方面的社会服务活动。典型的职业就是教师和教育行政人员与社会工作者。⑤事业型的人具有冒险、独断、自信、精力充沛、善社交等人格特征，看重政治和经济方面的成就。典型的职业就是政府官员、企业领导、销售人员等。⑥传统型的人偏好对数据资料进行明确、有序和系统化的整理工作。典型的职业就是办公室人员、税务员、统计员、会计、图书管理员等。

（四）依据价值取向划分

萨柏职业价值观分为三类：与职业本身有关的创造性、独立性等内在职业价值；与职业本身性质无关的工作环境、同事关系、领导关系和职业变动性等外在职业价值；职业安全性、声誉、经济报酬和职业带来的生活方式等外在报酬。许多研究者根据 Super 的工作价值观量表制作了 WVI，重新根据价值取向划分了工作价值观的类型。夏林清和游慧卿（1983）划分出自我表达取向、利他取向、社会认同取向、人群取向、变异取向、外在报酬取向的工作价值观。袁志晃（1984）划分出心境取向、社会取向、经济取向、自我表达取向、自处取向以及领导取向的工作价值观。宁维卫（1991）则根据 Super 的工作价值观量表制作了 WVI 中文版，把工作价值观分为五类：进取心价值观、生活方式价值观、工作安全价值观、声望价值观和经济价值观。

四、职业价值观的功能

职业价值观是一种职业倾向，是价值观在职业选择上的体现，是人们在职业生活中表现出来的价值取向。职业价值观决定了青年的职业期望，影响着他们对职业方向、职业目标的设定，对个体的职业生涯有着重要的影响。正确的职业价值观能引导青年不断完善自己的知识结构，培养良好的职业素质以适应时代的发展和社会的需要；能引导他们的择业行为，帮助青年人树立良好的职业道德；能促进青年人适应复杂多变的社会环境，激励他们在任何职业领域都爱岗敬业，从而使青年人在将来的职业生涯中能获得更多的成功机会，实现自身的职业理想和人生价值。

第二节　青年的职业生涯发展

一、金斯伯格的职业生涯发展理论

美国著名职业指导专家金斯伯格（Ginzberg，1951），对职业生涯的发展进行过长期研究，对实践产生过广泛影响。金斯伯格的职业发展理论分为职业幻想期、职业尝试期和职业现实期。

（一）职业幻想期

该时期大约是11岁之前的时期。儿童对大千世界，特别是对于他们所看到或接触到的各类职业工作者，充满了新奇、好玩的感觉。此期职业需求的特点是单纯凭自己的兴趣爱好，不考虑自身的条件、能力水平和社会需要与机遇，完全处于幻想之中。

（二）职业尝试期

该时期指11～17岁时期，即青年时期。青年人的心理和生理在迅速成长发育和变化，有独立的意识，价值观念开始形成，知识和能力显著增长与增强，初步懂得社会生产和生活的经验。在职业需求上呈现出的特点是：有职业兴趣，但不仅限于此，更多地和客观地审视自身各方面的条件和能力；开始注意职业角色的社会地位、社会意义，以及社会对该职业的需要。

（三）职业现实期

该时期大约是17岁以后到成人时期。个体即将或已经步入社会劳动场所，能够客观地把自己的职业愿望或要求同自己的主观能力以及社会现实的职业需要紧密联系起来，寻找合适于自己的职业角色。此期个体的职业期望不再模糊不清，已形成具体的、现实的职业目标，表现出客观性、现实性、讲求实际的特点。

金斯伯格的职业发展论的大部分内容涉及前期职业生涯发展的几个阶段，反映了初就业前个体职业意识或职业追求的变化发展过程，既注重个体的早期职业发展，也关注职业选择的长期性。金斯伯格进一步提出，对于那些从工作中寻求满足感的人来说，职业选择是一个终生决策过程，这使他们不断增进自己正在变化的职业目标和现实工作之间的协调程度。

二、萨柏的职业生涯发展阶段理论

20世纪50年代，萨柏（Super，1957）等提出了以发展心理学为理论基础的生涯发展和职业选择理论。他们把职业选择和发展看做职业自我概念的形成和发展过程。自我概念是我们对“我们是谁”以及“我们看来像什么”的主观知觉。职业自我概念是自我概念中的核心部分，影响个人的职业选择、认同、涉入的程度，以及整个职业生涯的发展。职业指导的任务不仅是帮助个体解决职业选择和适应的问题，更重要的是通过职业指导促进个体自我意识的发展。萨柏认为职业价值观是随着个体的自我概念而发展起来的。他强调青年期是一个关键期，在这个时期，个体探索和担任职业角色，通过体验各种角色来增进对自我的了解，自我概念也随之得到发展。当自我概念发生较大分化时，其中一个特殊的方面即职业自我得到了发展。

萨柏把人的职业发展划分为五个大的阶段。

（一）成长阶段

该阶段指 0～14 岁时期。该阶段是儿童对职业从好奇、幻想到兴趣再到有意识培养职业能力的逐步成长过程。萨柏将这一阶段具体分为三个成长期：①幻想期（10 岁之前），儿童从外界感知到许多职业，对于自己觉得好玩和喜爱的职业充满幻想和进行模仿。②兴趣期（11～12 岁），以兴趣为中心，理解、评价职业，开始作职业选择。③能力期（13～14 岁），开始考虑自身条件与喜爱的职业是否符合，有意识地进行能力培养。

（二）探索阶段

该阶段指 15～24 岁时期。个体进行择业和初步就业。其又可分为三个时期：①试验期（15～17 岁），综合认识和考虑自己的兴趣、能力与职业社会价值、就业机会，开始进行择业尝试。②过渡期（18～21 岁），进入劳动力市场，或者进行专门的职业培训。③尝试期（22～24 岁），选定工作领域，开始从事某种职业。

（三）建立阶段

该阶段指 25～44 岁时期。个体进入建立稳定职业阶段。其可分为两个时期：①尝试期（25～30 岁），对初就业选定的职业不满意，再选择、变换职业工作。变换次数各人不等。也可能满意初选职业而无变换。②稳定期（31～44 岁），最终职业确定，开始致力于稳定工作。

（四）维持阶段

该阶段指 45～64 岁时期。在这一漫长的时间段内，劳动者一般达到常言所说的“功成名就”情境，往往不再考虑变换职业工作，只力求维持已取得的成就和社会地位。

（五）衰退阶段

该阶段自 65 岁开始。这一阶段个体的健康状况和工作能力逐步衰退，即将退出工作，结束职业生涯。

关于影响个体职业生涯发展的关键因素，萨柏提出了生涯成熟度（career maturity）的概念，这是生涯发展理论的贡献之一。生涯成熟度是发生在生命中某个阶段内，个体由成功完成生涯发展任务而获得的。生涯成熟度能够为生涯咨询及生涯教育目标和策略提供参考信息。萨柏认为，在个体职业生涯发展的各个阶段完成相应的任务，就是生涯成熟。生涯成熟的概念包括两个方面：一是指个人在整个职业生涯历程中达到社会期望的水准，二是以职业生涯各发展阶段的发展任务为标准所作的衡量。

生涯成熟度与自我认知、生涯知识及发展规划的能力相关联。生涯成熟度包含了以下六个维度：①职业选择的定向，是决定个人是否关心做出最终的职业选择的态度维度；②职业信息和规划，是与个人所有的未来生涯决策及过去所完成的计划的能力维度；③职业偏好的一致性，指个人偏好的一致性；④个人特质的具体化，指个人朝向自我概念形成的过程；⑤职业选择的独立性，指工作经验的独立性；⑥职业偏好的智慧，是个人将现实偏好与个人任务维持一致的能力维度。

从1957年到1990年，萨柏提出了生活－生涯彩虹，拓宽和修改了他的理论。他认为，在个人发展历程中，随年龄的增长而扮演不同的角色，图的外圈为主要发展阶段，内圈阴暗部分的范围、长短不一，表示在该年龄阶段各种角色的分量；在同一年龄阶段可能同时扮演数种角色，因此彼此会有所重叠，但其所占比例分量则有所不同。根据萨柏的看法，一个人一生中扮演的许许多多角色就像彩虹同时具有许多色带，这些角色包括儿女、学生、公民、工作者、休闲者、配偶、管家者、父母及退休者，这九个角色主要出现在家庭、社区、学校及工作场所四个人生舞台上。萨柏将显著角色（salience role）的概念引入了生涯彩虹图，显著角色指各个角色的重要性或显著性。他认为角色除与年龄及社会期望有关外，与个人所涉入的时间及情绪程度都有关联，因此每一阶段都有显著角色。

萨柏的生涯发展理论的关注焦点是选择和配合个人，注意到了社会因素对职业选择和职业发展的影响。影响择业的因素主要有两类：一类为个体决定因素，包括兴趣、能力、价值观等个体化因素；另一类是环境决定因素，如社会结构和经济条件。

萨柏还提出职业价值观的可教育性。他认为，生涯各阶段的发展是可被引导的。一方面促进个人能力和兴趣的发展，另一方面协助个人进行现实的考验和自我概念的发展。人的行为方向受到三种时间因素的影响：一是对过去成长痕迹的审视，二是对目前发展状况的审视，三是对未来可能发展方向的展望。这三种因素是相互影响的，过去是现在的成因，现在又是未来的基础。因此，在辅导学生的过程中，可以让他们画生涯彩虹图，使他们回顾自己发展历程中一些特殊的经历、重要事件的影响、个人的态度与感受，以及各个阶段所扮演的角色等并进行分析，以增进他们对自己的认识，引导他们积极地设计自己的未来发展计划，并付诸于行动。而且，生涯发展的每一阶段均有特殊的发展任务（developmental tasks）需要完成。

萨柏认为，个人的职业意识、职业行为、职业价值观是随着个体职业自我的发展而逐步发展的。自我概念是影响整个个人生涯发展的重要因素。自我概念与生涯发展阶段连接而成，主导个人的生涯选择与发展。因此，就业指导老师应通过各种活动协助学生进行自我探索，使他们了解自己的职业兴趣、职业价值观和能力等个性特征，为他们提供工作世界的信息，使他们形成正确的自我概念，这尤其重要。

三、格林豪斯的职业生涯发展理论

格林豪斯（Greenhouse）研究了人生不同年龄段职业发展的主要任务，并以此将职业生涯划分为五个阶段。

（一）职业准备阶段

该阶段指 0 ~ 18 岁时期。个体在这一阶段的主要任务是发展职业想象力，对职业进行评估和选择，接受必需的职业教育。

（二）进入组织阶段

该阶段指 18 ~ 25 岁时期。个体的主要任务是在一个理想的组织中获得一份工作，在获取足量信息的基础上，尽量选择一种合适的、较为满意的职业。

（三）职业生涯初期阶段

该阶段指 25 ~ 40 岁时期。个体的主要任务是学习职业技术，提高工作能力，了解和学习组织纪律和规范，逐步适应职业工作，适应和融入组织，为未来的职业成功做好准备。

（四）职业生涯中期阶段

该阶段指 40 ~ 55 岁时期。个体的主要任务是需要对早期职业生涯重新评估，强化或改变自己的职业理想，选定职业，努力工作达到有所成就。

（五）职业生涯后期阶段

该阶段指从 55 岁直至退休。个体继续保持已有职业成就，维护尊严，准备隐退。

四、施恩的职业生涯发展理论

施恩（Schein，1968）立足于人生不同年龄段所面临的问题和职业工作的主要任务，将职业生涯分为九个阶段。

（一）职业成长、幻想、探索

该阶段一般是 0 ~21 岁时期。个体的主要任务是：①发展和发现自己的需要和兴趣，发展和发现自己的能力与才干，为进行实际的职业选择打好基础；②学习职业方面的知识，寻找现实的角色模式，获取丰富信息，发展和发现自己的价值观、动机和抱负，作出合理的受教育决策，将幼年的职业幻想变为可操作的现实；③接受教育和培训，开发工作世界中所需要的基本习惯和技能。在这一阶段所充当的角色是学生、职业工作的候选人、申请者。

（二）进入工作世界阶段

该阶段一般是 16 ~25 岁时期。个体的主要任务是进入劳动力市场，谋取可能成为一种职业基础的第一项工作；个人和雇主之间达成正式可行的契约，个人成为一个组织或一种职业的成员，充当应聘者或新学员的角色。

（三）基础培训阶段

该阶段指 16 ~25 岁时期。个体的主要任务是担当实习生、职业新手的角色。对于已经迈进职业或组织的大门的人，其主要任务一是了解、熟悉组织，接受组织文化，融入工作群体，尽快取得组织成员资格，成为一名有效的成员；二是适应日常的操作程序，应对工作。

（四）早期职业的正式成员资格阶段

该阶段指 17 ~30 岁时期。个体的主要任务是取得组织新的正式成员资格。面临的主要任务：①承担责任，成功地履行与第一次工作分配有关的任务；②发展和展示自己的技能与专长，为提升或进入其他领域的横向职业成长打基础；③根据自身才干和价值观，以及组织中的机会和约束，重估当初追求的职业，决定是否留在这个组织或职业中，或者在自己的需要、组织约束和机会之间寻找一种更好的配合。

（五）职业中期阶段

该阶段个体的年龄一般在 25 岁以上。其主要任务：①选定一项专业或进入管理部门；②保持技术竞争力，在自己选择的专业或管理领域内继续学习，力争成为一名专家或职业能手；③承担较大责任，确立自己的地位；④开发个人的长期职业计划。

（六）职业中期危险阶段

该阶段指 35 ~45 岁时期。个体的主要任务为：①现实地估价自己的进步、职业抱负及个人前途；②就接受现状或者争取看得见的前途做出具体选择；③建立与他人的良师关系。

（七）职业后期

该阶段是从40岁以后直到退休。此时个体的职业状况或任务是：①成为一名良师，学会发挥影响，指导、指挥别人，对他人承担责任；②扩大、发展、深化技能，或者提高才干，以担负更大范围、更重大的责任；③如果求安稳，就此停滞，则要接受和正视自己影响力和挑战能力的下降。

（八）衰退和离职阶段

该阶段一般在40岁之后直到退休时期。不同的人在不同的年龄会衰退或离职。此间主要的职业任务一是学会接受权力、责任、地位的下降；二是基于竞争力和进取心下降，要学会接受和发展新的角色；三是评估自己的职业生涯，着手退休。

（九）离开组织或职业即退休阶段

个体在失去工作或组织角色之后，面临两大问题或任务：一是保持一种认同感，适应角色、生活方式和生活标准的急剧变化；二是保持一种自我价值观，运用自己积累的经验和智慧，以各种资源角色，对他人进行传帮带。

施恩虽然基本依照年龄增大顺序划分职业发展阶段，但并未仅仅局限于此，而是更多地根据职业状态、任务、职业行为的重要性来划分发展阶段。此外，施恩也进一步指出，他只给出了大致的年龄跨度。可见，他仍然强调的是动态的职业状态、任务和职业行为。

五、青年职业价值观的发展特征

在青年的价值观体系中，职业价值观是其重要的组成部分，是生活和生命成长的重要经验（王丽容，2000）。虽然国内研究者对青年职业价值观的现状、功能以及影响因素进行了探讨，但尚未深入探讨青年职业价值观与生态系统中各个因素之间的互动过程。

（一）青年职业价值观的发展具有矛盾性

1. 自我实现需要与社会需要的矛盾

职业价值观是在需要的基础上形成并发展变化的，主体需要的强度决定了此种职业价值观的强度。自我实现的需要成为当前青年人进行职业选择的一个主导需要。但是，集体主义的社会主导价值取向要求个体实现自我价值的基础是个体对社会的贡献，满足社会需要。社会整体发展需要各行各业的发展，但青年人在实际就业中只有少数人愿意到国家急需行业，二者形成了明显的反差。个体在职业选择中自我实现需要与社会需要的矛盾非常突出，在某种情况下使青年人的就业陷入两难境地。

2. 外在功利取向与内在精神追求的矛盾

从职业标准的发展来讲，过去在追求职业稳定的基础上，大多数青年人很注重工作是否符合自己的兴趣、爱好，甚至看重能否发挥自己的特长。随着社会转型和市场经济体制的建立，择业观念的转变，职业标准也逐渐发展为以看重能否突出显示自身的价值为主。当前青年人特别关注职业的经济收入和社会地位等方面的因素，认为工作的收入能代表自身的身份和社会地位，是日后提高生活质量的保证，更能显示自己的工作能力。

社会主义道德所倡导的集体主义、爱国主义和为人民服务宗旨作为核心的社会价值导向和传统文化的重义轻利思想，与当前社会主义市场经济大潮的经济人观念的不一致，突出了青年人择业过程中的内在精神追求与外在功利取向的矛盾。可以看出，当前青年人职业的内外取向与追求的矛盾也异常明显，使得青年人在职业选择中处于两种追求的矛盾冲突中。

3. 理想价值观与现实价值观的矛盾

在现代化大潮的冲击下，理想与现实的距离不断扩大，先进与落后、光明与黑暗的矛盾日益突出。青年们一方面被灌输了各种美好的理想的价值观，心中装满了憧憬；另一方面在现实中却深感迷惘、失落和痛苦，充满希望又陷入失落。理想价值观与现实价值观的矛盾使现实中的青年都具有胸怀理想和面对现实的双重特征，但青年人的价值评价标准表现得更为世俗与世故，价值评价突出了理解宽容，这种宽容表现在对一切事物的理解，他们理解和接受任何现实的或现存的东西，甚至对很多不合理的社会现象和生活现象也采取宽容的态度，反映了一种应引起社会关注的消极取向。

（二）青年职业价值观的发展具有责任性和义务性

中国哲学重视人的道德和行为的可塑性，认为一个人的成长是一个“正己”的过程，同时也是一个获得人们认同的过程。“正己”是“正人”要达到的目的，也是一个人承担“社会责任”去管理社会、服务社会、管理工作，即“正人”的前提。“正己正人”强调人自身行为的激励与修养，“正人必先正己”，就是要求从业者首先注意自身的行为修养，然后从“正人”的角度出发，来控制和调整自己的行为，创造良好的人际关系和激励环境。

青年人只有把自己的能力、兴趣、特长与长期的职业发展结合起来，努力找到自己感兴趣并擅长的职业，才能把自己的潜能真正地发挥出来。同时，要树立终生教育观，要在职业发展过程中，不断学习知识和技能，以适应快速发展的社会需要。

工作价值观是影响青年人职业适应的重要因素。实践证明，在能力相当的情况下，工作成败取决于企业员工的工作价值观，取决于他们的工作观念和态度，取决于他们的工作行为倾向。因此，在招聘员工时，与员工的学历、专业知识、技能相比，越来越多的企业更看重的是员工工作价值观所反映出来的工作行为倾向（如沟通协作、工作方法和习惯、服务尽责、遵规守纪、自我肯定等）。各家企业为了招聘到合适的人才都独具匠心地采用了多种手段。

（三）青年职业价值观具有较强的主体意识

当代青年职业价值观的主体意识增强。独立人格意识、个体价值意识、价值主体意识被提高到前所未有的高度，而群体本位意识则相对弱化。在价值取向上，他们努力使自己的主体选择不与社会规范发生正面冲突，选择自我发展与社会发展相统一的价值取向。他们既不是完全以为社会作贡献来考虑自我价值取向，也不是完全脱离社会市场需要，以绝对自我导向来确定自我价值，而是把这两者结合起来，兼顾个人与社会共同发展，但基础在个人发展。价值取向具体表现为以自我为出发点，追求独立人格，敢于主张个人在社会中的权利，以及社会对个人的尊重的保障，渴望通过公平竞争和自己努力在社会中一展才华，实现自我价值。

（四）青年职业价值观具有多元性

从择业观念的发展来讲，在计划经济体制下，我国经济成分单一，国家实行“包分配”政策，造成青年人的职业选择缺乏竞争意识，非常注重职业的稳定性，追求一步到位。随着市场经济体制的建立，人才流动成为一种需要。双向选择成为一种新的就业模式，就业压力逐渐加大，择业的竞争意识逐渐增强。青年人已经不看重职业的稳定性，而是开始注重职业的发展前景与潜力以及职业是否能带来高的收入两个方面。青年人普遍认为职业的稳定性没有必要，只要工作适合自己发展，并且能提供提高自己能力的机会就可以。可见，现阶段青年人的职业价值观转向以追求经济收入最大化为特征的“经济价值型”和以追求自我价值实现为特征的“自我价值型”，希望物质与精神并重，实惠与理想兼得。

青年人的职业取向也在不断发展。在计划经济体制下，青年人都以服从国家分配的需要为主，多数人看中职业的社会地位或名声，国家机关、事业单位、科教文卫等部门都是他们最想去工作的地方。在市场经济条件下，青年人的职业选择呈现多元化，在2003年北京地区高校本科毕业生就业单位类型首选调查中，33.1%的人选择外企或合资企业，24.8%的人选择大型国企，19.7%的人选择科研、学校、医院、新闻等事业单位，13.5%的人选择政府机关，2.5%的人选择自己创业，6%的人尚未考虑好，0.4%的人为其他。

新旧价值观的对流整合，使价值取向日趋多元化，评价多标准化。随着改革开放的不断深入，文化结构呈现二元或多元化，青年人深切地感受到两种价值的碰撞，价值观呈现相对性和多元性，青年人思想体现出跳跃性及其不稳定特征。现实生活中，许多青年人无法不屈从于美国的经济成功，他们受大众文化和消费主义的扩张力的诱惑而迷失其中，盲目崇拜，试图效仿，却削弱了爱国意识，淡忘了脚踏实地、勤劳俭朴的传统文化美德。

六、青年职业价值观发展的影响因素

（一）青年主导需要的变化

马斯洛的需要层次理论提出，人有一系列复杂的需要，按其优先次序可以排成梯式的层次，由低到高依次为生理需要、安全需要、社会交往需要、尊重需要和自我实现的需要。个体已经满足的需求，不再是激励因素。人们总是在力图满足某种需求，一旦一种需求得到满足，就会有另一种需要取而代之。一般来说，只有在较低层次的需求得到满足之后，较高层次的需求才会有足够的活力驱动行为。满足较高层次需求的途径多于满足较低层次需求的途径。个体需要的变化特征可能影响职业价值观。Swidersky 通过对 13 个工作价值观条目进行层面理论分析，提出了三层面工作价值观系统模型。这三个层面为：①做工作是为了自己还是为了他人；②努力工作是为了生活愉快还是为了事业发展，是为了满足安全性需要还是为了服务社会、创造社会价值；③为了自己的目标工作是更愿意自己完成还是与他人共同完成。这三层面工作价值观系统模型与马斯洛的需要层次理论所反映的个体需要的发展相一致。

（二）家庭与青年职业价值观发展

家庭被认为是儿童、青年发展特别是社会化的重要环境和影响力量。Bronfenbrenner 在其人类发展生态学理论中，用四种生态结构（微环境系统、中环境系统、外环境系统和大环境系统）描述影响人类发展的环境。家庭对青年职业发展的影响也被许多研究者所关注（侯志瑾，2004）。家庭是职业发展的背景，职业发展并不是开始于青年期并终止于第一份工作，而是一个终生的过程。家庭是影响青年人职业选择和发展的重要环境，家庭环境以活动（儿童被鼓励、教导、规定可以进行或不可以进行的活动）、亲子关系、角色及角色期望三种职业社会化机制对青年人的职业发展起作用。

在青年阶段，他们的教育与职业抱负可以部分地从其父母的成就中得到预测。有关家庭环境对青年人职业发展影响的研究主要集中在家庭的社会经济地位、家庭结构、父母影响等方面。父母的社会经济地位影响子女的受教育水平，受教育水平影响其获得的职业地位。然而，家庭社会经济地位对女性职业选择的影响低于对男性的影响，家庭社会经济地位高与女性选择非传统职业有高相关。关于家庭的大小、出生次序和兄弟姐妹之间的距离等因素对子女职业发展的研究发现，这些因素的影响常常与其他因素交织在一起发挥作用。

家庭对青年人职业决策和职业发展的影响，特别是强调家庭成员间的相互作用模式与情感的相互依赖对职业决策的影响。家庭系统因素如父母的过分参与、恐吓、家庭规则刻板僵化等对职业决策的影响大于性别、社会经济地位、教育等因素对职业决策的影响。青年人最可能从建立这种关系的父母身上习得知识、技能、价值观等。

首先，父母是子女职业选择的重要咨商对象。青年时期，在父母的权威性对子女的影响减弱的同时，子女依然在某些问题上依赖父母。对于有关那些未来取向的问题，如是否升入大学、选择什么职业等，他们多以父母为征询意见的参照群体。当青年人在其生活的不同领域中需要寻求建议和指导时，他们通常会就职业选择、升学、经济问题及个人问题等向他们的父母寻求意见，请父母做他们的参谋。父母也会用各种方法试图说服他们的孩子按照父母的意愿行动。父母对孩子的职业选择有最显著的影响。父母是青年人在找工作过程中最经常被请教的顾问。

其次，父母通过活动有目的地影响子女的职业发展。父母在子女的职业发展过程中处于核心地位，父母通过奖励和惩罚塑造孩子的行为；通过教导和说理启发孩子考虑父母期望他们选择的职业；通过树立榜样影响子女的职业计划。父母在子女的职业发展过程中可以扮演非常积极的角色，如果父母对孩子职业发展的影响是有目的、有计划和有目标指向的，那么，父母的影响是最有效的（侯志瑾，2004）。

再次，父母对子女的职业期望影响子女的职业发展。父母对子女的期望影响子女如何看待世界特别是如何看待工作。父母对不同职业领域的态度影响孩子对职业的看法，特别会影响孩子形成有关职业的性别刻板印象。研究表明，父母比其他任何成人对子女最终的教育与职业选择施加更多的影响，如果父母认为只有少数几种职业适合他们的孩子，就可能限制孩子能力的发展，限制孩子有更多的选择机会。

此外，父母影响子女的职业兴趣类型。父母的职业类型与青年的职业抱负水平有显著性相关。父母之间兴趣的相似性会增加子女与父母的相似性。Holland（1966）强调在兴趣类型的发展过程中父母影响的重要性。这种影响是通过父母传递的生物特征、父母为子女创设的环境、父母对子女行为的强化以及父母为子女提供的资源表现出来的。

胡阑沁（2006）研究发现，父母的内在期望（自我成长与实现期望、创造力期望、尊严期望与利他期望）与内在价值观之间存在密切关系。首先，大学生对未来工作内在条件的观点显然受到父母期望的影响较大，其中，“自我成长与实现”期望影响最大；其次为创造力期望；再次为尊严期望，即父母重视子女的工作。研究还发现，父母对子女工作的外在期望（组织安全与安定期望、人际互动期望）也影响大学生的内在价值观。

在大学生的外在价值观方面，父母对子女在工作上的期望，尤其是“尊严”取向对大学生外在职业价值观影响最显著。父母对工作的“利他”期望与子女的“经济取向”职业价值观之间呈显著负相关，说明父母越重视利他，这样的大学生往往越不重视工作的“经济取向”。相对而言，无论是大学生的教育背景还是父母对子女工作的期望都与大学生的内在职业价值观之间关系更为密切，而与大学生外在工作价值观的关系较弱。

第三节 青年职业价值观的结构

职业价值观的结构一直是研究者关注的热点问题。Super（1970）提出了15种工作价值观：利他主义、美感、创造力、智性启发、成就感、独立性、声望、管理、经济报酬、安全感、工作环境、从属关系、友谊性和生活方式以及变化性等。胡阑沁（2006）在此基础上，划分出工作价值观的四种类型：一是物质安全，包括经济报酬、安全感、工作环境、从属关系、友谊性、生活方式；二是自我表达，包括创造力、智性启发、变化性；三是行为控制，包括独立性、声望、管理；四是生活品质，包括利他主义、美感、成就感。迄今，对工作价值观的内容从不同的理论视角进行了多种分类。例如，Porfeli（2007）近期又提出了一个理论框架（见表8-1）。

在综合考察青年人的身心发展特点的基础上，借鉴已有的职业价值观的研究文献，尝试探讨当前青年的职业价值观的结构。

表 8-1　工作价值观的内容

项目	价值观类型
1. 较高的工作报酬 2. 工作稳定，被辞退的可能性小 3. 被提升的机会多	经济保障
4. 有帮助他人和社会的机会 5. 有与他人工作的机会，而不仅仅做事	人际关系
6. 在工作中有自我决策的机会 7. 工作赋予我许多的责任 8. 在工作中我的知识技能得以应用 9. 在工作中有学习新知识的机会	成长

一、青年物质安全价值观

在职业价值观理论中，物质安全包括经济报酬、安全感、工作环境、从属关系、友谊性、生活方式（胡阑沁，2006）。青年人往往表现为，工作能够明显有效地改变自己的财务状况，从而将薪酬作为选择工作的重要依据。工作的目的或动力主要来源于对收入和财富的追求，并以此改善生活质量，显示自己的身份和地位。

安全观，即对安全的作用、地位、价值等总的看法。在不同时代、不同的历史时期，人们的安全观是不同的。而且，不同的人群，由于其所从事的职业不同，所受教育的程度不同，其安全观也是不一样的。从安全科学的发展历史可以看出，安全观是一直伴随着人们的世界观的发展而发展、改变而改变的，可以说，安全观是世界观的一个重要组成部分。

安全是有价值的。其主要体现在安全的社会价值和安全的经济价值上。安全价值不能直接套用价值工程中价值的定义和算法，因为安全的某些价值（如社会价值）不能只用钱来量化，但是这并不能否定安全价值的客观存在。

当前大安全观的理论观点较多地被人所认同。所谓大安全观是指针对人类生活、生产、生存的各个领域，关注安全的综合性、共同性、普遍性、合作性等特点，对安全的内涵、目标和解决安全问题的手段所得出的对安全问题的总的认识。

大安全观是当今社会发展的必然产物。随着社会的发展，许多传统的技术性安全问题呈现出社会化倾向，越来越多地演化为社会问题，使得现代安全问题纷繁复杂。小到社会中的犯罪问题，大到民族冲突、宗教冲突、文化冲突、地区冲突，甚至国家冲突，而冲突手段也由理性向非理性转变，这些都已经打破了传统国家观念，使安全问题的平台提升到国际层面。

大安全观的理论观点可以归纳为如下四个方面：①大安全观是把人文、科技、环境，或是把人类生活、生产、生存领域的安全问题整合起来考虑的最广泛的共识；②随着经济全球化、国家多边化、国际组织多样化，安全观应该涵盖越来越多的内容；③安全问题不仅仅关注环保主题及自然灾害问题，还注重可持续发展战略的集安全、减灾、环保于一体的安全问题；④提出了“公共安全”大安全观，因为“公共安全问题”涉及社会一切领域，是社会公众及各行各业生存和发展的前提与基础。

随着社会的发展，青年的物质安全价值观也在不断改变和发展，制约和影响职业的选择与职业行为。

二、青年自我表达价值观

自我表达价值观包括创造力、智性启发、变化性等内容。萨柏（Super，1957）提出了职业发展的自我概念理论。他强调职业选择和职业发展是一个前进的动态的过程，并且职业价值观是随着个体的自我概念而发展起来的。他强调青年期是一个关键期，在这个时期，个体探索和担任职业角色，通过体验各种角色来增进对自己的了解，自我概念也随之得到发展，当自我概念发生较大分化时，其中一个特殊的方面即职业自我概念就成为职业选择的关键因素。

萨柏认为，人们对社会上各种职业生活方式有三个方面的需求，即满足生活上的需求、社会人际关系的需求和各种劳动活动的需求。个人为了充分满足这三个方面的需求，于是就形成了自己的职业价值观。美国职业指导专家霍兰（Holland，1966）在人格理论基础上发展了职业价值观理论。他把人格划分为六种类型：现实型、研究型、艺术型、社会型、企业型与传统型，职业价值观正是其人格特点的延伸。不同人格类型的人会对与之相应的职业工作类型感兴趣，而人们所处的环境同样可以分为六种类型，人们都倾向于追寻能充分施展其能力与价值观的职业环境，在不同的工作环境和经验中表现自我价值。

三、青年行为控制价值观

行为控制价值观包括独立性、声望、管理价值观。其具体表现为青年人在职业场所能够充分发挥自己的独立性和主动性，按自己的方式、想法去做，不受他人干扰。

个人或个人之间的控制系统主要表现为权威和权力。关于权力，爱默森认为，权力是非独立的、受环境影响的，至少是潜在的、相互性的。权力是一种社会关系的特质，而非某个人的特征。个人可以以所有的资源为基础来帮助或阻碍他人目标的实现。权力也是相互依赖的，相互依赖的程度也会因环境的不同而不同。

关于建立在个人特征和相互关系上的非正式集团下的权力，霍曼斯和布劳认为，权力结构是不平等交换关系的产物，交换过程（包括不对称因素）产生了分化的权力结构。费弗尔认为，个人素质是权力来源，发现这些素质使以个人名义开发资源成为可能，而这里的资源是调动其他人所必需的。伯特认为，以网络为基础，权力不仅是行动者的物质资源和个人素质或技术的功能，也是他的社会资本功能。社会资本包括一个行动者和其他行动者之间的社会关系。

权威是当从属于权力持有者的众成员之间出现了一套规范和信仰时，人们往往把权力的实施视为合法的一种情形。规范的出现改变控制结构成为多重控制结构。合法规范开辟了两条道路：允许对下属实施更多、更可靠的控制并把这样的控制限制在适当的领域，但又限制了权力在这些领域的实施。权威是合法的权力，而合法的权力是受到规范制约的权力。权威有两种形式：一是认可权，即下属集团可以限制和调整上级对其施行的权力运作；二是委任权，由权力行使者的上级调控权力的情况称为委任权。

权威对个体的控制存在两种情况：一是结构控制，主要存在于技术和科层结构。正式权力附着于职位而不是个人身上，对权力行使者而言，获得结构控制有两个主要优势：权力优势被部分地隐藏起来；具有结构权力的人无须以使自己的利益受到重视为目的而利用资源。二是借助于信仰和规范的非正式控制系统，主要存在于文化结构。对文化概念的不同理解使得运用方式也不同。文化是组织拥有的某种事物，是可能影响组织的外部独立变量和关键变量。文化是表现特殊组织的价值观或风格特征的内部变量。文化是组织拥有的某种事物，是可能影响组织的外部独立变量和关键变量。文化是表现特殊组织的价值观或风格特征的内部变量。

四、青年生活品质价值观

生活品质价值观主要反映为利他主义、美感、成就感等价值观领域。工作生活品质是鼓励全体员工积极参与决策，共同改善员工生活福利和工作环境，进而提升生产力和员工满意度。

工作生活品质（QWL）理论基础源自 Trist 和 Bamforth 在 1951 年所提出的社会技术系统（socio - technical system）的概念，也称为劳动生活品质。该概念的基本思想是为了提高组织工作效率，应兼顾人和技术两因素的协调。QWL 的内容包括薪资公平性、安全和健康的工作环境、营造组织良好的气氛、提升工作满意度、提供生涯发展机会、让员工参与决策、满足社会归属需求、保障员工权利和重视员工家庭生活等九项类别。QWL 也鼓励全体员工积极参与决策，共同改善员工生活福利和工作环境，提升生产率和员工满意度。QWL 促使组织成员积极地参与营造组织环境，塑造组织模式，提高组织效率。企业应拟定适切的激励办法，满足员工迫切的需要，从而激发起员工的工作热情和积极性。当员工拥有必要的能力和技术，并且具有必要的环境和条件时，就能提高生产率。提高员工素质，使员工可以自行解决群体的问题。鼓励员工参与决策，制定员工福利措施，提供较好的工作环境和员工满意度，可以提升生产效率。另外，重视员工的家庭生活也可提升员工工作力、生产力和绩效（黄永东，2007；Akdere，2006）。在全面性任务考量下，改善组织与员工的关系，协调不同的职务或部门，强化员工互助合作，可以提高生产率。

形成稳健的工作生活品质是青年职业价值观发展的目标。稳健的工作生活品质主要包括以下几个维度的发展（Terey，2006）：①从维持到卓越的发展。当公司为了生存必须精简人事或缩小规模时，部分员工可能因而被裁员，且伴随着员工士气低落和恐惧。管理者为了落实愿望和维持组织效能，采取高压统治，以惩罚取代奖赏。此时，员工工作生活处于被动消极状态，且易衍生出持续不断的批评、负面的论点、自私者和无能者环绕四周、态度傲慢和不愿求新求变等高风险问题。主管若能拟定出卓越的目标和相关的策略，可以强化组织的活力。卓越的选择是使员工行为差异化，启发员工创新的智能，持之以恒达到独特之处。以卓越取代维持，针对所有员工辨识出实际重要议题，进而重整角色、职位和组织架构，可以稳健员工工作生活品质和避免选择维持所引起的风险。②从谨慎到勇气的发展。谨慎是透过员工工作绩效衡量，以利于后续的管理。管理者有效地使用绩效衡量的回馈资讯，对企业营运结果提出及时的因应之道，例如组织目标的迈进、员工是否需要教育培训、流程如何优化等问题。绩效衡量属于对员工的外部控制，会导致员工无助感和不积极的工作态度。勇气是一种内部控制，可以藉由充分授权（empowerment）达到。充分授权是赋予员工活力，不仅要给予员工权力，还要与员工分享资讯、知识和报酬。它是指创造一个环境，各阶层员工在其责任范围内对品质的标准、服务和组织效能等方面具有实质的影响力。影响力表示员工在工作、部门或单位中可以改变工作结果的程度，且对工作有控制权，可以影响他人的工作和决定。充分授权也是自我效能的增强，表示员工对执行某特定任务的能力主观认定具有信心的程度。自我效能较高的员工可以掌握工作进度，全力以赴完成工作。组织成员自我决定工作，会产生较大的适应性、创造力、弹性和自我管制；相反地，若控制员工决定权，将会形成紧张及负面的情绪，逐渐地降低员工自尊。因此，若以勇气改善谨慎，将可提升员工的工作生活品质。③从贬抑到自我加强的改变。在实践过程中，虽然贬抑是较少被企业使用的，但也可能存在此类问题。贬抑会降低员工的自尊，降低其工作生活品质。通过内部自我加强控制，可以建立员工的自尊。自尊是一种对自我的正面或负面评估，是自我形象的一部分，具有维护心理安宁的功能。自尊不但与心理层面的建构有关，也会影响认知的改变。高自尊不代表自大或自满，而是具高度的自我价值，低自尊则是对自我能力与价值评估较低。因此，自尊除了是一种心理状态，也是一种对自我能力的评估。高自尊者有维护自我尊严的需求，所以对自我能力及自我尊严有一定的期许与要求。高自尊者的个性也比较乐观和自制，相信自己身处特定环境时，比较不容易受到不好的影响，即使碰到不好的环境，也比较有能力适应。因此，高自尊者比低自尊者不易受他人影响，但对他人的影响较大。自我尊重程度较高者对自我存在价值较为肯定，而自我效能较高者对自我能力的评价较高。自我尊重程度较高者比较会迎合社会主流价值规范，因为他们比较重视自我存在的社会价值。自我效能较高者则不一定会迎合社会主流价值规范，他们强调的是自己的能力。总之，通过自我加强可以提升员工对组织的信赖，避免贬抑控制下所衍生的自尊心丧失。④从依赖性到自主性的进步。一个组织无法自给自足，亦无法从其内在产生所需要的资源，必须从所处的外在环境中获取生存的所需资源，进而与其交易互动，形成相互依赖的关系。组织在面对环境的变化及不确定时，一方面设法满足组织的依赖需求，另一方面有计划地透过协商、契约、吸收合并、垂直整合、水平整合等方式，吸收并且缓和互相依存和不确定性。在依赖性情况下，组织受到外在环境控制，员工做事态度是被动的。自主性是有能力且独立做选择或决策，自我决定行动。它是主动地防范于未然，从积极到洞察先机，进行防范和改善外在环境。因此，自主性的内部控制可以转被动为主动，以回应企业所面临的环境变化。

上述几个方面是当前青年职业价值观发展的主要任务。在社会实践过程中，青年职业价值观的发展不可避免地出现不良现象。主要有：①过分着眼于薪酬及其他福利。②缺乏对雇主的归属感、对工作的投入。③祈求舒适的工作环境。④期望工作性质多样化和趣味性。⑤要求有充足的业余时间过休闲生活。⑥梦想从事不需要负工作责任的任务。⑦要求工作有充足的自由度和自主权。⑧需求有良好晋升机会的工作，却忽略自我能力的提升。当代青年人只有适应职业价值观发展的时代要求，尽量抵制不良的环境刺激的诱惑，避免不良的职业价值观，才能顺利进行职业生涯规划。

第四节　青年创业价值观的发展

一、创业价值观的内涵

奈特（1921）认为创业家必须能够承受高度的不确定性，并投入生产来满足变化多端与不确定的市场需求。同时，奈特提出了区别创业者与非创业者的三大要素：风险偏好、个人能力和财富。高风险偏好、高个人能力和高财富者更有可能成为创业者。继奈特之后，学者纷纷从不同的角度给创业下了定义。其中 Low 和 MacMillan（1988）认为创业就是创造一个新事业；Shane 和 Venkataraman 等（2000）认为创业就是发现和利用有利可图的机会；Morris 等（2003）认为创业的本质需要从创新、承担风险、超前认知和行动三个维度去把握等。因此，关于创业的定义至今仍未得到统一。

创业价值观是主体以自己的需要为基础，对创业目标的重要性的认识和在创业时采取的行为方式的判断和选择的标准，它指导和调节着人们的创业目标和创业行为。一个大学生是否会创业，他选择的创业目标、创业方式及创业的过程都受到创业价值观的影响。可能他本人意识不到，但作为观念系统，创业价值观随时随地都对创业行为起着调节和指导作用（邓硕宁，2007）。

关于创业价值观，黄炳沧（1993）认为影响中国人创业决策的价值观因素有：①社会地位与权力。中国人讲究追求社会地位，对创业家给予较高的评价，故对社会地位及权力越重视者，则其创业倾向越明显。②积极进取。由于竞争环境激烈，故越重视积极进取价值观者，则其创业倾向亦越明显。③出人头地。中国人讲究光耀门楣与出人头地的价值观，且由于竞争环境激烈，故出人头地更受人尊敬，因此越重视“宁为鸡头，不为牛后”与

“出人头地”等价值观者，则其创业倾向亦越明显。此外，企业家应该具备一些价值观念，如责任观念、利益观念、诚信观念、公平观念、创新观念等。

二、创业价值观的结构

（一）创业精神

创业精神（entrepreneurship）反映了企业在达成目标的同时，对创新性、预警性、承担风险、自主性和竞争积极性所投入的倾向（Dess Lumpkin Covin，1997；Miller and Friesen，1984），创业精神被看做是个体为了利用创造价值的潜在时机，主动地独特地系统地组织已有的资源，去创造新价值的超越性的态度。创业精神可能是企业家的个性特征，也可能是企业的行为特征。最初，创业精神主要表现在个体的自主性、创新性、风险承担、行动领先、积极竞争等个性特征方面（Covin and Slevin，1989）。对创业精神的探讨多集中于创业家的共同人格倾向，如风险倾向、决断性、成就动机、内外控等（余华、黄希庭，2000；王垒、马洪波，2003）。Drucker（1986）指出，创业精神是个体创造新的满足与新的需求的倾向，创新性是表现创业精神的关键因素，创新性有利于个体把改变现状视为是开创另一事业或服务的机会。他还指出，个体的创新性是可以通过学习训练或参与社会实践而培养的。

（二）创业技能

创业技能包括自我认识与分析技能、信息搜索与管理技能、生涯决策技能、求职技能等特殊技能，以及沟通技能、自我管理技能和人际交往技能等各种通用技能。

（三）创业价值

青年人的创业价值包括：①社会利他。指通过创业来为社会作贡献、为他人谋福利，如推动经济发展、创造就业机会、帮助弱势群体等。②利益实惠。指通过创业来获得物质方面的利益，如摆脱贫困、享受富足。③名声虚荣。指通过创业获得声誉、面子上的满足，如出名、有权有势。④自我发展。指通过创业使自我在人际、能力和心理等方面更加健全、更加完善。⑤精神追求。指通过创业来获取心理上的满足，如冒险刺激、与众不同。

三、创业价值观的发展

创业价值观的发展不是个体单一特质的发展，而是包括创业特质、创业认知、创业动机、创业情感在内的复杂价值观体系的发展。

（一）创业人格特质的发展

创业人格特质包括三个层面：①态度特性。适当承担风险、创新与忍受不确定性。②需求特性。成就需求、权力需求与达成目标的企图心。③行为特性。内控制点与自信。因此，成就需要、控制点、风险接受倾向性和对不确定性的承受力等人格特质往往被看做是将创业者从非创业者中分离出来的主要人格特质。

麦克利兰（McClelland D C，1966）的“成就动机”研究开创了以人格特质为基础的创业研究。他认为，具有强烈的成就动机的人渴望将事情做得更为完美，提高工作效率，获得更大的成功，他们追求的是在争取成功的过程中克服困难、解决难题、努力奋斗的乐趣，以及成功之后的个人的成就感，他们并不看重成功所带来的物质奖励。高成就动机者事业心强，有进取心，敢冒一定的风险，比较实际，大多是进取的现实主义者。

麦克利兰指出，金钱刺激对高成就动机者的影响很复杂。一方面，高成就动机者往往对自己的贡献评价甚高，自抬身价。他们有自信心，因为他们了解自己的长处，也了解自己的短处，所以在选择特定工作时有信心。如果他们在组织中工作出色而薪酬很低，他们是不会在这个组织呆很长时间的。另一方面，金钱刺激究竟能够对提高他们的绩效起多大作用很难说清，他们一般总以自己的最高效率工作，所以金钱固然是成就和能力的鲜明标志，但是由于他们觉得这配不上他们的贡献，所以可能引起不满。

高成就动机者在创业过程中可能表现出以下的行为特征：首先，高成就动机者喜欢在能独立负责、可以获得信息反馈和中度冒险的环境中工作。他们会从这种环境中获得高度的激励。因此，在小企业的经理位置和在企业中独立负责一个部门，高成就动机者往往是一个优秀的管理者，会取得成功。其次，在大型企业或其他组织中，高成就动机者并不一定就是一个优秀的管理者。因为，高成就动机者往往只对自己的工作绩效感兴趣，并不关心如何影响别人去做好工作。注重工作业绩往往是成功创业之初必备的因素。再次，随着企业的成长和业务拓展，高成就动机者必须与亲和需要和权力需要强的人加强合作，才能保证企业持续发展。如果高成就动机者与权力需要、责任感和自我控制相结合，那么他就很有可能成为成功创业者。另外，由于成就动机是可以训练和激发的，高成就动机者对员工成就动机的关注和养成，有利于提高工作效率。

此外，有利于创业的人格特质还包括：①对机会的警觉；②焦虑或神经质；③富创造力；④容易感到厌倦；⑤远见；⑥独立的天性；⑦内在控制；⑧渴望领导；⑨成就需求；⑩具有风险承受倾向；⑪自信；⑫自我鞭策；⑬藉由行动的自我实现；⑭灵活变通；⑮愿意持续创新；⑯在资金上无惧地付出。

人格是先天因素、决定气质特征的神经系统的类型以及后天环境因素等共同作用的结果。然而，创业人格特质是可以培养的。

（二）创业者的认知能力的发展

早期特质研究令人失望的研究结果，使创业研究焦点转向创业者的认知。创业者认知视角为面临困境的创业研究注入了一缕清新的空气。这一视角既具有理论的严谨性，又具有实证的可验证性，能系统地解释创业者在创业过程中的作用，有助于理解创业者“如何思考”和“为什么以他们的方式行事”。认知视角将为探索和解释以前未能做出解释的现象提供有效的分析工具。

Mitchell 等（2002）认为，创业认知是人们用以评估、判断及确定机会价值，开创和发展新事业的知识结构。创业认知在一定程度上解释了创业者是如何通过简化的心智模型将所获得的零散信息集合在一起创造出新的产品或服务，以及集中必要的资源开创新事业。

Baron（2000）则主张，创业认知包括创业机会的识别、逆向思维、归因模式、决策与计划等都会在一定程度上影响创业者的决策和行为。当创业者处于不确定性和高风险性的环境中，尤其是可用的资源和信息有限时，需要一套有效的解决问题的模式来防止出现认知偏差。在创业认知过程中，对创业机会的辨识是一个对创业机会的知觉，一般遵循两个过程完成，一个是自上而下的过程，即概念驱动。知觉系统不仅要加工外部输入的信息，而且要加工在头脑中已经存储的信息。另一个是自下而上的过程，即数据驱动。知觉直接依赖于感官的刺激物的特性，以及对这些特性的加工。可见，在对创业机会的辨识过程中必须整合先验知识、创业警觉性与主动搜寻等认知要素。总之，创业认知理论关注的是创业者的内部心理活动过程（Mitchell et al.，2002）。

四、青年创业价值观的特点

（一）注重创业期待、创业潜能与社会责任感的培养

在青年创业价值观体系中，创业期待、创业潜能与社会责任感并重。胡余波研究了大学生创业价值观的特征，结果表明，大学生创业价值观既具有

一般价值观的特征，又有其独特的内涵。具有创业期待、积存创业潜能并有一定社会责任感等要素构成了大学生稳定的创业价值取向，亦即创业主体以自己的需要为基础，对创业目标重要性的认识和在创业时采取的行为方式的判断和选择的标准。

（二）创业动机存在明显个体差异

韩力争（2004）的研究表明，大学生创业动机存在显著的性别差异，男生高于女生。同时存在显著的年级差异，一年级高于其他年级。范巍、王重鸣（2004）研究了创业倾向的影响因素，结果发现，在青年个性特征中，具有高外向性、责任认真性、经验开放性和自我功效感的个体具有较高的创业倾向。在环境因素中，创业的成就感、创业的经济回报、创业的特性优点、创业的环境影响与创业倾向存在正相关。在背景因素中，学历层次、所学专业和年龄与创业倾向存在一定的相关。此外，家庭结构和个人经历也与创业倾向有关。这些因素影响创业倾向，而创业倾向会极大地影响个体创业行为。

（三）创业教育亟待改革

目前，国内创业教育水平和层次参差不齐，缺乏系统科学的创业教育理念和体系。杨松（2003）在部分高校的一次调查的结果显示，分别有74%和70%的大学生对创业所需的程序和创业所需条件不太清楚，而对这些问题根本就不知道的竟分别占12%和7%。在“你认为自己最缺乏”的选项上，选择创业有关信息与创业有关技能的并列排在第一位，都是30%。可见，国内创业价值观教育任重而道远。

创业价值观教育模式是指在一定的创业教育理论指导下，依据创业教育过程的规律而形成的创业教育过程中比较稳固的教育程序及其方法的策略体系。它包括创业教育过程中诸要素的组合方式、教育程序及其相应的策略。当前社会实践过程中大学生创业价值观教育模式有以下几个类型：①课堂教育式，以中国人民大学为例。该模式的特点是强调创业教育“重在培养学生创业意识，构建创业所需知识结构，完善学生的综合素质”，将第一课堂与第二课堂结合起来开展创业教育。鼓励学生创造性地投身于各种社会实践活动和社会公益活动中，通过开展创业教育讲座，以及各种竞赛、活动等方式，形成以专业为依托，以项目和社团为组织形式的“创业教育”实践群体。②实践教育式，以北京航空航天大学、温州大学为例。该模式以提高学生的创业知识、创业技能为侧重点。其特点是商业化运作，建立大学生创业园，教授学生如何创业，并为学生创业提供资金资助及咨询服务。学校成立了“创业管理培训学院”，专门负责与学生创业有关的事务。学校还设立了300万元的创业基金，对创业计划书经评估后进行“种子期”的融资。温州大学通过构建“学生创业工作室、学院创业中心、学校创业园”三级联动的创业实践平台，让大学生的创业实践收到了“低成本、低风险、高成功率”的成效。③创业教育体系化。例如，上海交通大学专门成立创业学院，重点培养50名学生进入创业学院，每年从全日制在校学生中跨学科、跨年级招收50名具有强烈创业意愿的学生，提供高水平课程，并为准备创业的学生提供创业苗圃预孵化和适度资金支持。2010年，上海理工大学创业班开班，即在工商管理系开设创业方向，招收30人。④创业教育纳入专业教育和文化素质教育。2010年，教育部下发《推进创新创业教育和大学生自主创业工作的意见》，表示将把创新创业教育有效纳入专业教育和文化素质教育教学计划及学分体系。创新创业类课程的设置要与专业课程体系有机融合。同时，要加强创新创业教育教材建设，借鉴国内外成功经验。

第九章　青年价值观的教育

第一节　价值观教育概述

一、个人价值观教育概述

个人价值观教育是使个体完成特定社会发展任务，形成社会文化所要求的价值观的教育。20 世纪 90 年代以后，价值观教育尤其强调共同的核心价值的教育已成为世界道德教育的主流。近年来，中国价值观教育的研究文献日益增多，价值观教育的形式既有通过专门的课程和教学进行的，也有在学校的教育教学中进行价值观渗透教育的。

二、中国传统文化中的价值观教育

中国优秀传统文化应该成为青年价值观教育的逻辑起点。中国传统价值观有“大传统”和“小传统”之分。“大传统”是指历史上经过思想家加工定型了的、为统治者所倡导的、作为社会主流的价值观念。中国价值观念的“大传统”是以儒学为主导的，儒家的价值观念植根于人心深处最本能、最难以摆脱的血亲观念之上，同时它也最符合封建统治的需要。儒家的基本特征是主张道德优先的价值取向，推崇尽忠尽孝的礼义规范，强调以德感人的道德教化，标榜取义舍利的君子人格，追求德治社会的理想目标。“小传统”是指作为潜意识而在民间流行的社会心理和风俗习惯，它是一种感性直觉的“潜意识”或“集体无意识”，它补充着、丰富着价值观念的大传统，包容了价值观念的深层结构和社会生活的方方面面。其中最有民族特色的是“福、禄、寿、喜、财”的“五福”观念（康新贵，2008）。

具有时代意义的中国传统个人价值观教育的方法主要有以下几方面内容。

（一）以“礼”教人教育法

“礼”原是祭神祈福的一种仪式活动，后因人际交往的频繁、社会生活的复杂化，礼引申为人的行为必须遵循的法度和仪式。礼的内容几乎包罗万象。有为人君之礼，为人臣之礼，为人子之礼，男女之礼，少长之礼，主客之礼，生子命名之礼，婚嫁之礼，祭祀之礼，等等。大至治理国家、求学问道，小至婚丧嫁娶、衣食住行，都有礼的规定。礼是中国古代宗法等级社会的制度规范，是维护贵贱尊卑长幼等级的工具。礼既体现为在家尽孝，又体现为为国尽忠。“亲亲”和“尊尊”是礼教的主要内容。亲亲为孝，尊尊为忠。在家讲孝，在国讲忠。孔子要求“弟子入则孝，出则悌”，用血缘关系来维护传统社会的礼治秩序。孟子把维护宗族血缘的亲亲关系视为至关重要的大事。

（二）孝亲教育法

孝亲是对血缘亲长的崇敬顺从。在中国，家就是国，国就是家，家国同构，家国一体，家庭是国家的缩影，国家是家庭的放大。家庭是国家的历史起点，也是国家秩序的逻辑起点。在宗法社会，国家是按照家庭的形式仿造的，君就是一国之父，臣就是国君之子。国家关系、君臣关系只是家庭关系、父子关系的延伸。儒家文化重视孝亲的教育。亲情之爱是一种“真情实感”，人人皆有。婚姻家庭价值是全部家庭伦理的基础，其中包含着一种伟大的道德精神和做人的基本要求。“孝悌也者，其为仁之本与”，儒家强调孝，就是亲情教育的表现。任何人，从出生到走上独立生活的道路，都是在父母的抚育、爱护下成长的，幼儿园和学校都不能代替父母的爱护和教育。这一点对任何一个社会而言都没有例外。孔子说，“三年无免于父母之怀”，儒家文化要人们珍惜它、爱护它，并以建立家庭和谐为切入点，建立人与人、人与社会、人与自然之间的普遍和谐。传统文化中的“孝亲教育”、“感恩教育”，孔子的“父为子隐，子为父隐”，都具有超历史的永久价值。孟子的“幼而知爱其亲，长而知敬其兄”等都反映了传统文化价值观教育在当代青年和谐精神价值观教育中的意义。

（三）“因材施教”的教育方法

“因材施教”也是儒家文化教育的精华所在。孔子说“君子和而不同”，主张“因材施教”。唐君毅喜用“太和世界”，而不是以“大同世界”说明天下一家。也就是说，尽管人可以不同，国家可以不同，但不碍其和洽相处。现代的青年价值观教育中，因材施教、因势利导的教育模式被认为是最有时代特色的价值观教育模式，尤其适用于人格价值观教育和人文精神价值观教育。

中国传统文化蕴涵着丰富的和谐资源与和谐智慧，对于建立青年和谐的价值观，理解和谐社会的内涵具有重要意义。普遍和谐就是“自然的和谐”、“人与自然的和谐”、“人与人的和谐”。这是一种宇宙的、整体的和谐，是儒家文化的精髓之处，至今具有现实意义。《易传》说：“乾道变化，各正性命，保合太和，乃利贞。”认为天道的大化流行，使万物各得其所，保持这种完美的和谐，万物就能顺利地发展。个体的和谐形成整体的和谐，整体的和谐又有利于个体的和谐。和谐不限于人类社会，还包括自然的和谐和人与自然之间的和谐。所以，不仅要推己及人，而且要推人及物；不仅要成己，而且要成物；不仅要尽人之性，而且要尽物之性，因为人与万物是一体相通的。只有这样，才能如《中庸》所说，“万物并育而不相害，道并行而不相悖”，最终达到普遍和谐的境界。由自身而推到他人，再推到万物，最后达到与天地一体。普遍和谐具体表现为中国传统和谐文化中天和、人和、心和的建立。天和揭示人与自然的和谐关系，阐释人与自然和谐共生。人和揭示人与社会的和谐关系，阐释人与社会和谐共处。心和，揭示人与自身的和谐关系，阐释人与自我和谐共一。

道家学派提倡以道为本体、以人为中心的教育理念。道家主张天人合一，老子认为：“道大、天大、地大、人亦大，域中有四大，人居其中焉。”道、天、地、人，把人放在居中位子上。其还进一步从自然无为的原则出发，提出了物各有宜、顺应本性的思想。庄子认为，万物有其特性，不同的个体各有自己的本性和长处，人们应该充分认识和保持各自的特性。他说：“鱼处水而生，人处水而死。彼必相与异，其好恶故异也。故先圣不一其能，不同其事。”这就是说，鱼有水才能生存，而人在水中却要被淹死。两者相互各有特性，好恶本来就不相同。可见，道家学派强调教育中的顺应个性、因材施教的方法。这在当前个人价值观教育实践领域依然意义重大。

（四）重视非理性的教育感化

首先，墨家重视教育者的积极主动性，重视“强说人”的积极教育态度，坚决反对被动答问的教育态度，提倡教师要采取主动积极的态度，不仅有问必答，并须“不叩必鸣”。其次，墨家重视言传身教和非理性的感化。道德教育的进行在于言传身教，在于感化。墨家弟子众多，成材者也多。所谓化，即是感化，也即是言传身教，潜移默化。墨翟本人粗衣粝食，胼手胝足。他的弟子禽滑釐师事他三年，面目黧黑，手足也生老茧，役身给使，不敢提出什么要求，提倡艰苦朴素的生活作风。

（五）主张“兼容并收”教育法

道家强调要教育学生了解人类文化的多样性，认识各民族之间的共同性和相互依赖性，学会在共同活动中与人合作共处，以此指导人的生存和发展。这种教育观有助于充分培养主体的能动意识和创造精神，推动个体的发展和完善。道家思想的发展，进而加速中华民族吐故纳新，融会中西。

（六）理想人格教育法

儒家学派提倡“君子”型理想人格。主要包含以下几个基本特征：第一是具有仁爱精神。君子之可贵，就在于其具备的多种美好品格当中，“仁”是最重要的伦理道德要求，它所体现的是一种同情、关心、爱护、尊重他人等可敬德性。第二是入世情怀。君子之可贵还在于经世致用的精神，所谓的济世情怀，要有“为天地立心，为生民立命，为往圣继绝学，为万世开太平”的雄心，要有进取不惜、奋斗不止，造福人民的治国平天下的实践能力。第三是注重气节操守，富于献身精神。孟子提出：“富贵不能淫，贫贱不能移，威武不能屈，此之谓大丈夫。”这种注重气节与操守的观念对后代影响很大，成为儒家理想人格的重要特征。

墨家学派推崇“兼士”型的理想人格。兼士必须能言善辩，能够奔走说教，转移社会的风气。兼士还必须“好学而博”，而且所学不仅是墨家的中心思想，并且包括技术的掌握。兼士必须具有“兼爱”的精神，长于辩论，明辨是非，又是道术渊博、有益于世的人才。兼士重视实践（行）和联系实际。墨翟强调“言足以迁行者常（尚）之，不足以迁行者勿常（尚），不足以迁行而常（尚）之，是荡口也”。这段话的要义是言必信，行必果，言行一致，说到做到。墨家反对“言过而行不及”，认为话说得多与说得漂亮而不施行，就得不到好效果。只有“以身戴行”，也就是说，只有用“兼爱交利”的道理，指导实践，见诸行动，才能成为“兼士”，才能通过实际行动来教人。

三、当代青年价值观教育

当前关于价值观教育的研究文献主要有黄希庭等的《当代中国青年价值观与教育》（四川教育出版社，1994）、刘济良的《青少年价值观教育研究》（广东教育出版社，2003）及杨德广、晏开利主编的《中国当代大学生价值观研究》（上海教育出版社，1997）等，这些研究主要是探讨当代价值取向的特点，以及出现的问题和应该采取的教育举措，而基于中国多元文化背景，探讨价值观教育专门研究有待丰富。

造成青年价值观困惑的原因主要是下列问题：一是随着社会的快速发展，通信工具的进步以及互联网的普及，外来文化尤其是西方文化的引进造成外来文化与本土传统文化并存，多种不同文化价值观念并存。这使得青年价值观的冲突空前紊乱，使许多人茫然而无所适从，发生种种困惑。二是随着青年本土价值观念和外来价值观念发生激烈的冲突和融合，青年个人价值观具有了新的内容、新的观点，但是由于青年的社会实践经验的匮乏，可能在体验新的个人价值观功能时体验到较大压力和困惑，同时在选择一些适应社会发展进步的价值观念指导自己的行为时也体验到困惑，例如婚姻家庭形式的多元化所带来的“大龄青年”、“丁克家庭”的困惑。三是由于青年人具有的价值观念，已经经过实践的探索和理性的论证，新的、适应时代潮流和社会发展进步的价值观由于尚未成为社会的主流价值观念，青年人可能遭遇来自社会的排斥，体验到困惑。

四、青年科学价值观教育的探索

潘自勉（2004）探讨了科学价值观建构的内涵，认为科学价值观建构可以从理想、信仰、信念的含义、关系及建构条件三个方面来分析。

自我意识是以自我为对象的意识，它是反映自我价值关系、价值追求，努力实现更高价值的意识。理想、信仰、信念是超越现实、超越自我、面向未来、努力实现更高价值的自我意识。它们都表现了主体对真善美的追求，对美好未来的追求。信念是主体在对真理的坚信与价值认同的基础上超越现实、超越自我、坚信未来美好结果的稳定的自我意识。信仰是主体超越现实、超越自我、追求最高价值的自我意识，是对具有最高价值的对象的高度信服、景仰，并以之作为自己的精神寄托，是主体对最高价值的终极追求。理想则是超越现实、超越自我、追求最高价值目标的高度自觉的自我意识，是经过预测而设计的、人们为之奋斗的、未来最完美的远大价值目标体系。

在理想、信仰、信念的关系中，信念是信仰的基础，信仰是理想的基础，理想则是在信念、信仰的基础上设计的远大价值目标体系。信念、信仰决定理想的内容与方向。如信仰马克思主义，就会确立共产主义的远大理想。信仰、理想都是主体的最高价值追求，而理想则着重揭示主体最高价值追求中的最高价值目标；信仰主要是一种精神寄托、景仰和崇拜，而理想则是行动的纲领、奋斗的目标。也就是说，信仰是一种精神状态，理想为一种实践力量和行动指南。

理想、信仰、信念有一定的建构条件。根据信念的含义，信念是坚信未来美好结果的稳定的自我意识，它坚信真理且必能产生良好结果。即信念建构有两个条件：一是对真理的坚信，二是对价值的认同。信念有科学与非科学之分，科学的信念是真理与价值的统一，非科学的信念也是以价值认同为前提的。信仰是对具有最高价值的对象的高度信服、景仰和追求，并以之统摄自己的精神生活，是高度自觉的自我意识。信仰是在信念的基础上并融入主体的崇拜情感，是一切信念中最重要、最根本的居于支配地位的最高信念。因此，信仰的建构有三个条件：一是对真理的坚信，二是对价值的认同，三是情感的融入。理想是在信仰的基础上，对未来美好追求的行动纲领。理想既立足于现实，又是对现实的超越；理想是最高信念的行动指南，是高度自觉的自我意识。理想也有科学与非科学之分，科学的理想是真理与价值的统一，是客观规律与长远利益的统一。理想的建构除了信仰的三个条件，还需要使最高价值追求模式化、目标化，从而形成远大的价值目标体系。

科学价值观的建构的过程，其核心就是寻求理想、信仰、信念的建构条件和关系，并将它们组建、构造成一个有机的系统。首先，以对真理坚信、价值认同这两个因素为基础，形成超越现实、超越自我、坚信未来美好结果的稳定的自我意识（信念）；其次，在信念形成的基础上，融入主体对最高价值对象的崇拜情感，构成自我意识中对最高价值的终极追求（信仰）；最后，在信仰构成的基础上，将最高价值终极追求目标化，组成价值观的远大价值目标体系（理想）。

潘自勉（2004）还指出，人们形成什么样的价值观，加工出什么样的价值论，是同人们的文化背景、社会地位、生活方式等各种条件相关联的，是由人们的利益和需要所决定的。一种价值观是否科学、先进，归根到底要看它反映了什么样的主体利益和需要，看它如何反映主体的利益和需要，看它是否同社会历史发展趋势和人类主体利益相一致。因此，科学价值观建构的核心问题是“为什么人”的问题。“为什么人”的问题，集中反映了一种价值观的主体和标准。“为什么人”，就是以什么人为价值主体，以符合他们的利益作为客观价值标准。价值观中其他方面的内容和取向都由主体和标准来决定。

第二节　青年价值观教育

一、青年价值观教育的特征

（一）重视青年价值观教育的主体性特征

在价值观教育中，经常采用榜样法，就是利用榜样来进行教育，可分为正面榜样教育和反面榜样教育。这也是一种传统的教育方法，简单易行且效果也不错。榜样法价值观教育的效果起始于青年人对价值观教育目标的认同。关键环节是选择好的榜样。一是要选择“低起点”、“高成就”、“平凡而伟大”的榜样。二是选择的榜样要在时空上接近学生。虽然可以选古今中外的英雄、模范、先烈、先进人物做榜样，但决不能一味“舍近求远”。榜样的亲近性，有利于青年人对价值观的认同。三是选择的榜样具体言行要适于学生模仿。学生对价值观的认识总是从具体到抽象、从感觉到思维，只有通过模仿榜样的具体言行，才能逐步升华到对价值观的整体把握。

（二）重视理性与非理性价值观教育的和谐统一

价值观是理性和非理性价值意识相结合的一种重要形式。非理性的价值意识主要表现为人的情感、意志以及个性等形式所表达的价值取向，是主体对客体的一种最初始的态度。非理性的价值意识决定了青年是接近、亲和、倾向于客体，还是疏离、排斥、背向于客体。这种价值意识的特点是只可意会，不可言传，模糊含混，不可操控，难以把握等。例如，借助于美好、有序的社会环境培养青年的精神价值观。理性的价值意识也称为价值思想，它是在非理性价值意识基础上形成的，是经历信息加工过程，进行认知的结果。这是一种主体关于客体的可以言表、清晰明确、可以操控、有逻辑性的相对稳定的价值意识。它反映的是主体关于客体对主体意义的相对确定的态度。这种价值意识是人们在生活实践中根据实践的经验和学习而形成的，是我们在日常生活中用以指导日常生活和工作实践的价值意识。

在青年人的价值观教育中，应重视非理性价值观教育，其内容主要包括人文环境的构建。例如，校园文化建设。校园文化的内容往往就是师生员工所共同认同的价值观体系、行为准则和思想作风的总和。校园文化对学生价值观影响的因素是多种多样的，它包括校风、校容、制度、体育、文艺熏陶等。正如人民教育家陶行知先生所说，生活即教育。在学校过什么样的生活，就受什么样的教育，学校要引导学生过进步、文明、健康的生活，这样必能对价值观教育产生积极的影响。

（三）重视开发青年的潜在的自我意识的独特性

个人价值观是一种内在需求反应的结果，当一个具体的东西作为意义时，最后总会碰到结束，个体体验到挫折，在这个关卡上就需要价值观的作用。例如，精神价值观。由于精神价值观所赋予生活的意义是个体在生命过程中无法达成的，而且不能向外探求，只能向内寻找，这使得青年要求自己达成一种最高的、圆满的境界，尊重与肯定人性的潜能，并把人性潜能的开发看做价值的基础，而不是手段或根据。开发自身潜在的独特性，崇尚"百花齐放、百家争鸣"的生活目标成为当代青年的新的价值观教育内容。

二、青年价值观教育的主要理论

（一）道德认知发展模式

道德认知发展模式是根据皮亚杰、科尔伯格等的道德认知发展阶段的理论观点发展起来的。通过提供道德问题，激发道德冲突，促进个体积极地思考，进行道德认知与道德决策。支持该模式的研究者主张，学生不参与社会活动，不参与道德行为，就不可能进行道德判断活动，也就不能促进道德发展。这一模式的价值在于重视学生在道德教育中的主体地位，提供给学生积极参与道德决策的机会，对发展学生的道德判断力有积极的作用。现在，道德两难讨论法依然是青年价值观教育实践中常用的方法，有利于让人在思考和自动探究中提高道德水平。

（二）价值观澄清理论

价值观澄清理论形成于 20 世纪 20 年代，主要代表人物为柯森鲍（Howard Kirschenbaum）。价值观澄清理论主要有以下观点：①价值观澄清的目标在于帮助个体对自身的价值观进行澄清，使学生面临价值观混乱的情况时不再感到困惑，也不必再在矛盾中挣扎。该理论鼓励人们多思考与价值有关的问题，不管是个体的价值观还是全社会的价值观，都应该审慎地、全面地思考，因此价值观澄清法无论是在个案工作中还是在关于团体性的小组工作、社区工作实践中都可以使用。②价值观澄清的要素。价值观澄清过程有四个要素：第一个要素是选择关于价值观或道德的话题，如友谊、家庭、工作、娱乐等；第二个要素是在适当的时候可以把价值观澄清作为一种策略来帮助学生或其他的受助者思考，可以用各种形式，如谈话、写作、阅读等；第三个要素是在实施这种方法的过程中，无论是教师、咨询员还是学生、被试本身都必须处于平等的状态中，任何一种观点都应受到尊重；第四个要素是鼓励个体使用价值观澄清的步骤或策略。③价值观澄清学派的目的是要澄清个体或集体的价值观，但它不是关注具体的价值观内容，而是强调获得价值观的过程，所以价值观澄清的主要内容也主要是关注评价的过程。

适于价值观澄清的人主要有八种类型：①冷淡、倦怠和漠不关心周围事物的人。通过价值观澄清可以使他们发现自己的兴趣所在，对周围的人或事物表现出积极关注的倾向。②总是幻想的人。根据价值观进行价值判断。③极端反复无常的人。改变优柔寡断的意志发展缺点，形成独立性、果断性的意志品质。④自相矛盾的人。根据价值观确定一致的目标，并培养坚定性和抗拒诱惑的能力。⑤随波逐流的人。使他们变成人生价值感丰富的人。⑥盲从者。使他们重新评估自己与周围环境的关系，审视自身的需要，明确自我概念。⑦盲目地反对别人的人。⑧装腔作势的人。他们经常装模作样以掩盖自己的真实面目。

（三）人格教育

人格教育起源于德国，19 世纪末盛行于欧洲，代表人物是布德和林迪。20 世纪二三十年代在美国兴起。

布德认为现代教育最大的缺点在于人格品性的缺乏，他认为学生不能只注重知识，还应该重视人格的训练，知、情、意、行等各方面缺一不可，应该全面发展，要培养适合社会需要的人才。林迪则主张教育应该以爱为中心，倡导以人格养成人格的教育。他强调教师的人格，认为只有教师的人格才能真正教导学生，通过教师或教育者的人格养成学生的人格。此外，德国的伊慈奈和弗尔斯托也倡导人格教育，前者主张以艺术教育为人格陶冶的主要模式，后者则以道德品性的陶冶为教育的理想模式，他们对近代人格教育的发生和发展都起了重要的推动作用。

当代人格教育的目标是培养人类普遍的价值观。这种价值观能被所有文明社会及民族认同和珍爱。具有普遍性的价值观应当能融合东方与西方、精神与物质、传统与现代的思想精华。确认普遍价值观的存在并把普遍价值观树立起来，纳入学校教育的机制中去，是当代人格教育运动的中心任务。

高德胜（2002）评述了人格教育的主要内容。一是立坎纳（Lickona）提出的 11 条人格教育原则。①促进作为理想人格基础的核心伦理价值。关怀、诚实、公正、责任、尊重等表达了共有的人性，是形成良好人格的基础。②人格必须从思维、感情和行为等方面加以综合界定。在有效的人格教育中，人格必须被整体理解为包括道德生活的认知、情感和行为等不同方面。人格教育的任务就在于帮助学生和这个学习社群中的其他成员知道“善”并向往之、行为之。③积极的、综合的人格教育原则。学校要有人格教育的自觉，不能坐等时机。要运用学校教育的所有方面和因素。“单独”（stand alone）的人格教育课程一开始可能是有益的，在运行的过程中可能也有一些有益的因素，但必须意识到不能以此取代将人格发展与学校生活整合在一起的综合方法。④关怀社群原则。学校作为一个学习社群，也必须体现理想的人格。学校应努力成为一个追求文明、关怀和公正的社会群体。⑤道德活动机会原则。与智力学习一样，学生是道德学习的建构者，是通过做、在做中学习道德的。人格教育必须提供、设计和利用道德活动，使学生有机会进行道德实践。⑥在学术课程中进行人格教育的原则。人格教育和学术课程的学习不是互不相干的两个环节，而是提供强有力的相互支持的一个整体。⑦内在动机原则。学校工作的各个方面都应力求发展学生实施核心伦理价值的内在动机。⑧全员教育原则。全体教职员工必须都是学校这一学习的、道德的社群（learning and moral community）的成员，都负有人格教育的责任，都必须支持、认同、遵守教育学生的核心价值。⑨两种领导原则。学校必须有人专门负责人格教育的长远规划和日常运行，学生也要通过自治、同伴冲突调解和跨年龄指导等方式参与人格教育的领导。⑩父母和社区成员共同参与原则。⑪综合评价原则。既要评价学校这一社群的人格和教职员工作为人格教育者的成长与进步，也要评价学生所显示出的良好人格。

人格教育方法是多种多样的，既有学校的教育方法，也有在家庭中和社会中进行教育的方法。以下是几种人格教育最常用、最广泛，而且与中国传统的价值观教育接洽较好的方法：①灌输法。主要是倡导传授核心价值观，要求青少年学生把核心价值观内化为自己的道德基础。②实践法。即通过实践感悟出需要持有的价值观，是一种间接而有效的方法。我们都知道，美国人注重实践，无论是在学术教育上还是在价值观教育上，实践法是非常常用的一种方法。美国的学者除了研究价值观理论，更重要的是把理论运用于实际中，尤其是在学校中的教育是学者们苦心钻研的对象。这种方法具体到实践中又可分为：讨论法、问题解决法、合作学习法、社会实践法等。一是讨论法。美国的教师经常在课堂上进行讨论，既有集体讨论、小组讨论，也有个别讨论。二是问题解决法。教师事先提出问题，然后让学生进行思考，最后给出解决问题的办法；或者让他们课后自己到图书馆查资料或利用其他方法来解决问题。三是合作学习法。关注被教育者的合作性，体验如果没有与人合作的能力很多事情就无法完成，一般是布置让学生分组合作的任务，要求在规定的时间内完成任务。四是社会实践法。注意让学生参与各种社会实践，让学生接触到社会现实时特别能感同身受，使那些价值观理论内化为自己的价值观。例如，让学生参加社区活动，使他们在社区活动中学会热爱社区、关心社区的事务等；让学生到敬老院为老人们打扫卫生、陪老人们聊天、为老人们表演节目，从中学会关心他人、孝顺老人等美德。③渗入法。即利用各种机会或方法把价值观渗入给学生。在课本和课外读物中渗透进各种美德，使学生在进行阅读时把这些美德记在心中。教师在进行教学过程中和进行其他的活动中也渗入各种美德，使学生能潜移默化。这种方法就要求教材和课外读物的编制者精心设计，同时对教师也提出了较高的要求。人格教育对教师人格也提出了要求，学生通过与教师的交流和相处，模仿教师的言行举止，这样也能起到潜移默化的作用。④网络教育法。即通过网络传授价值观。美国有许多大学或研究所都在自己的网页上开设人格教育专栏，甚至还有些民间组织也利用网络来进行人格教育的宣传。不但对中小学生、大学生进行人格教育，还把人格教育渗透到各个领域、各个职位中，影响很广泛。通过网络，学者们、教师们精心设计，把人格教育的各种思想、观点利用各种形式表现出来，如展示一些精美的文章，提出一些价值观问题让上网者思考和讨论，并回答上网者的各种问题等。当今网络发展很快，这是一种很好的方法。⑤心理咨询教育法。即利用心理学的研究成果，在心理方面对学生进行教育。毫无疑问，美国的心理学是处于世界领先地位的，美国的心理咨询也很发达，学校内有专门的心理咨询员，社会上也有各种心理咨询机构。学生在有心理问题时能进行心理咨询，有针对性地、及时地解决问题。

（四）体谅模式教育

体谅模式教育是英国著名道德教育家彼得·麦克菲尔（Peter Mcphail）和其同事共同提出的，其特点在于创造一种把学生的道德情感置于价值观教育中心位置的教育模式。麦克菲尔认为，当代学校过于强调知识的积累，忽视了人的个性发展、社会关系的解决等问题，当代学校应当从实际出发改革德育教学。在他看来，一种道德教育课程的创建，应当以学生的需要为出发点和归宿，满足学生情感及成长的需求。麦克菲尔等提出，具有以下品质的学生尤其需要体谅模式的帮助：自我中心、自我陶醉、自私自利、粗暴乖戾以及作为对不幸和不健康的社会反应而产生的其他一些品质。该模式有助于密切师生、生生关系，营造良好的学习与生活氛围。

（五）社会行动模式

社会行动模式兴起于20世纪70年代，是由美国教育家弗雷德·纽曼提出的。纽曼认为，当代出现的各种道德教育理论都只注意了增加道德知识，发展道德认知能力，分析寻找价值原则以及改变学校道德教育环境等方面，而忽视了实施行动的训练和技能，这是目前各种理论存在的共同问题。因此，道德教育不应强调道德教育本身，而应注重培养和提高学生在进行社会行动时所必需的胜任环境的能力。他认为，一个有道德的社会成员，应具备三种环境胜任能力：①应对物质环境的能力，即个体对物体的影响力。②应对人际环境的能力，即个体对人的影响能力。③应对公共环境的能力，即个体对公共事物影响的能力，这是社会行动模式的中心。道德教育应该注重公民的社会行动能力的培养和训练，重视公民行动课程的学习，同时把有关公民行动的活动和道德推理、价值分析等内容结合起来。

三、青年价值观教育中急需解决的问题

青年尤其是大学生的素质是社会文明进步的最直接的反映。高等院校是国家人才的培训基地，青年价值观教育应该首先体现在大学生价值观教育和高等院校素质教育的改革中。

首先，大学生价值观教育要注重价值观认知、评价和价值观社会实践（即行动）三个层面的完整性。认知层面要实现的目标是，学习者要对所学习的价值观有直接和间接的体验，完成知识的构建。评价层面要解决的问题是，要联系个人的情况进行反思，要触及学生心灵，形成心动，这是提高一个人情商的关键。行动层面的关键是，将所学价值观整合到学生行动中，实现真正的价值观内化和外显。

潘自勉（2004）主张，从价值意识的形成过程来考察，可以划分为三个层次：一是价值意向及价值认识。该层次属于价值意识形成的感性认识阶段，是价值意识的最低层次。其中，价值意向包括价值兴趣、价值情感、价值意志等非认知因素，价值认识包括价值感知、价值想象、价值思维等认知因素。这一阶段是一种自发的、朦胧的、非理性的价值意识，但其有着鲜明的价值取向。二是价值观念及价值知识。该层次属于价值意识形成的理性认识阶段，它是对价值意向及价值认识的抽象与升华。其中，价值观念包括固定的价值信念、价值追求、价值目标、价值取向、价值标准等，价值知识包括价值概念、价值判断（评价）、价值推理、价值选择、价值预测、价值决策等。这一阶段是在价值意向及价值认识多次重复，并在事实认识（感性、经验认识）参与的条件下，长期积淀形成的关于客体与主体价值关系的观念模式，是一种稳定的心理定势和惯性机制。三是价值观。该层次属于价值意识形成的理论阶段和最高层次。它是价值观念及价值知识的一般观点或根本观点，是各种价值观念及价值知识的结晶与概括。价值观是价值观念和价值知识的集中体现，价值观一旦形成，它就会对价值意识产生指导作用。可见，在价值意识结构系统中，对人的社会生活真正起重要作用的是价值观念。价值观念决定着人们的价值取向与价值标准。不同国家、不同民族、不同地域的人们，因为价值观念不同而形成不同特色的文化传统。在文化中，价值观念作为稳定的模式，居于最深层，从而影响到整个社会生活。在各种价值观念中，理想、信仰、信念是核心的和居统摄地位的价值观念，是价值

观的集中体现。它们凝结了最高的价值信念、价值追求、价值目标、价值取向、价值标准，对人们的思想、言行具有决定性的影响，是主宰人们灵魂的精神支柱。因此，大学生的价值观教育应注重从认知到实践的教育系统的完整性，从而更有效地保障价值观的内化与实践。

其次，大学生价值观教育要重视价值观形成。大学生价值观教育的目标不应仅仅是发挥价值观的功能，更重要的是促进大学生形成某种科学的价值观。一方面协助大学生察看自己的认知结构和思考过程，帮助他们拓宽视野，提高价值观的辨别、选择能力；另一方面要协助大学生分析自己的需要系统的特点，研究自己的情感生活，让他们洞察到自己独特的情感历史和个人动力，因为“价值观是情感点燃的想法”。此外，还要督促大学生考察自身的行为模式，做到言行一致。

最后，大学生价值观教育要重视个人价值观的整合。阐明价值观不是目的，需要引导学习者努力使其自身的价值观符合其所属体系的价值观，如符合目前所在学校文化的价值观、符合未来将进入的企业文化的价值观，等等。同时，学习者还要找到自己内心价值观之间的一致性，如道德与精神意识、理想与抱负，等等。这样一来，就可以弥补个人理想与现实的差距。这一过程必然伴随着解决自己心中的“内战”，伴随着价值的优先排序与取舍，去掉一些而为留下的部分赋予意义。而一旦接受某种价值观就意味着被赋予了力量，这就是改变自己生活和别人生活的力量。

参考文献

[1] Akdere M. Improving quality of work - life: Implications for human resources[J]. The Business Review, 2006, 6 (1): 173 - 177.

[2] Allport G. Becoming: Basic considerations for a psychology of personality [M]. New Haven, CT: Yale University Press, 1955.

[3] Allport G W, Vernon P E, Lindzev G. A study of values. Houghton Miffllin Co. Boston, 1960.

[4] Allport G W. Pattern and growth in personality. New York: Holt, Rinehart, Winston, 1961.

[5] Ashton P T, Webb R B. Making a difference: Teachers' sense of efficacy and student achievement. New York: Longman, 1986.

[6] Baier K. What is value? An analysis of the concept//Baier K, Rescher N. Values & the future: The impact of technological change on American values(eds). New York: Macmillan Co, 1969: 33 - 67.

[7] Bandura A. Self - efficacy: The exercise of control. San Francisco, CA: Freeman, 1977.

[8] Bandura A. Social foundations of thought and action: A social cognitive theory. Englewood Cliffs, NJ: Prentice - Hall, 1986.

[9] Bartholomew K, Horowitz L M. Attachment style among young adult: A test of a four - category model[J]. Journal of Personality and Social Psychology, 1991, 61: 226 - 244.

[10] Bronfenbrenner U. The ecology of human devel opment: Experiments by nature and design [M]. Cambridge, MA: Harvard University Press, 1979.

[11] Chickering A W. Education and identity. San Francisco: Jossey - Bass, 1969.

[12] Chickering A W, Reisser L. Education and identity (2nd ed). San Francisco: Jossey - Bass, 1993.

[13] Collins N L, Read S J. Cognitive representatuon of attachment: The structure and function of working models//Bartholomew K, Perlman D. Attachment processes in adulthood(eds). London: Jessica Kingsley, 1994: 53 - 85.

[14] 布思 D M,沙克尔福德 T K,柯克帕特里克 L A,等. 半个世纪以来的择偶偏好:价值观的文化演变[J]. 家庭研究通讯,2010(14).

[15] Havighurst R J. Development tasks and education(3rd ed). New York: David Mckay, 1972.

[16] Hazan C, Shaver P. Conceptualizing romantic love as an attachment process[J]. Journal of Personality and Social Psychology, 1987, 52(3): 511 - 524.

[17] Kohlberg L. The cognitive - developmental approach to moral education//Lickona T. Moral development and behavior: Theory, research and social issues. New York: Holt, Rinehart

and Winston,1976.

[18] Kohlberg L. The psychology of moral development. San Francisco,1984.

[19] Levenson J R. Confucian China and its modern fate. Berkeley,CA: University of California, 1965.

[20] Lickona T. Eleven principles of effective character education[J]. Journal of Moral Education,1996(1).

[21] Loevinger J,et al. Measuring ego development. Volumes I and II. San Francisco: Jossey - Bass,1970.

[22] Maslow A H. Motivation and personality. New York: Harper & Row. of Personality, New York: Hafner,1954.

[23] Mitroff I A, Denton E A. A study of spirituality in the workplace[J]. Sloan Management Review,1996,40:83 - 84.

[24] Porfeli E J. Work values system development during adolescence[J]. Journal of Vocational Behavior,2007,70:42 - 60.

[25] Rescher N. Introduction to value theory. Englewood Cliffs,NJ: Prentice - Hall Inc,1969.

[26] Rogers C. Freedom to learn. Columbus,OH: Charles E. Merrill,1969.

[27] Rokeach M. The nature of human values[M]. New York: Free Press,1973.

[28] Rubin Z. Measurement of romantic love[J]. Journal of Personality and Social Psychology, 1970(16).

[29] Schwartz S H. Universals in the content and structure of values: Theoretical advances and empirical tests in 20 countries[J]. Advances in Experimental Social Psychology,1992,25: 1 - 65.

[30] Spranger Eduard. Types of men: The psychology and ethics of personality. New York: Hafner,1928.

[31] Sternberg R J. A triangular theory of love[J]. Psychological Review,1986(12).

[32] Super D E. Manual for work values inventory. Chicago: Ricerside Publishing,1970.

[33] Super D E. Work values inventory. Boston: Hoj. Manhardt,1970.

[34] Yin R. Case study research: Design and methods (rev. ed). Newbury Park,CA: Sage Publishing,1989.

[35] 蔡宜旦．大学生婚恋观变化比较研究[J]．浙江青年专修学院学报,2003(4).

[36] 邓硕宁．大学生创业价值观问卷的初步编制及实测[D]．重庆:西南大学,2007.

[37] 范巍,王重鸣．创业倾向影响因素研究[J]．心理科学,2004,27(5).

[38] 方敏．大学生的婚恋家庭观[J]．青年研究,1998(8).

[39] 高德胜．人格教育在美国的回潮[J]．比较教育研究,2002(6).

[40] 高申春．自我效能理论述评[J]．心理发展与教育,2000,16(1).

[41] 郭本禹,王云强．道德人格:道德心理学研究的新主题[J]．西南大学学报:社会科学

版,2009,35(4).
[42] 韩力争. 大学生创业心理素质调查与思考[J]. 南京财经大学学报,2004(6).
[43] 侯志瑾. 家庭对青少年职业发展影响的研究综述[J]. 心理发展与教育,2004,20(3).
[44] 胡阑沁. 大学生兼职与其工作价值观关联性的探讨[J]. 台东大学教育学报,2006,17(1).
[45] 胡利人,徐盈,谭秋浩. 低年级医学生婚恋观和性观念调查[J]. 健康心理学杂志,2000,8(6).
[46] 黄德祥. 青少年发展与辅导[M]. 台北:五南出版社,1994.
[47] 黄炳沧. 创业行为、个人特质、人际网络与社会倾向间的关联性研究——以管理顾问业为例[D]. 台北:台湾大学商学院,1993.
[48] 黄海燕,赵永乐. 论科学创新的精神气质[J]. 南通大学学报:教育科学版,2009,25(1).
[49] 黄希庭,郑涌. 当代中国大学生心理特点与教育[M]. 上海:上海教育出版社,2002.
[50] 黄希庭. 简明心理学辞典[M]. 合肥:安徽人民出版社,2004.
[51] 黄希庭. 人格心理学[M]. 杭州:浙江教育出版社,2002.
[52] 黄希庭. 家庭教育艺术[M]. 北京:科学技术出版社,1992.
[53] 黄希庭,等. 当代中国青年价值观与教育[M]. 成都:四川教育出版社,1994.
[54] 解英兰. 浅论大学生婚姻观念发展趋势[J]. 运城高等专科学校学报,2002(6).
[55] 金盛华,李雪. 大学生职业价值观:手段与目的[J]. 心理学报,2005(5).
[56] 金盛华,辛志勇. 中国人价值观研究的现状及发展趋势[J]. 北京师范大学学报:社会科学,2003(3).
[57] 李建珊,贾向桐. 科学哲学的价值论转向——科学进步模式新探[J]. 南开学报,2000(1).
[58] 李亚林. 关于科学精神与人文精神的思考[J]. 淄博学院学报,1999(3).
[59] 李煜. 婚姻匹配的变迁[J]. 家庭研究通讯,2008(8).
[60] 李煜,徐安琪. 择偶模式和性别偏好研究——西方理论和本土经验资料的解释[J]. 青年研究,2004(10).
[61] 凌文辁,方俐洛,白利刚. 我国大学生的职业价值观研究[J]. 心理学报,1999,31(3).
[62] 罗萍,封颖. 从性别视角看当代大学生的婚恋观念[J]. 武汉大学学报:社会科学版,2001(5).
[63] 马建青,严立芬. 女研究生婚恋观现状及特点探析[J]. 高等教育研究,1999(2).
[64] 潘自勉. 论价值意识的规范化[J]. 中山大学学报:社会科学版,2004,44(3).
[65] 曲可佳,邹晓燕. 儿童权威认知研究述评[J]. 辽宁师范大学学报:社会科学版,2006,29(3).

[66] 尚九玉．中西宗教精神之比较研究[J]．北京师范大学学报:社会科学版 ,1997(3).
[67] 王登峰,甘怡群．对生活事件知觉的认知－知识系统模型[J]．心理学报,1994,26(1).
[68] 王垒,马洪波．北京大学生工作价值观结构研究[J]．心理与行为研究,2003(1).
[69] 王丽容．少年打工——保护与禁止之间的捏拿[J]．人本教育札记,2000,134(25).
[70] 王平一．大陆和台湾地区青年婚恋观的比较研究[J]．中国青年政治学院学报,2002(4).
[71] 王庆福．大学生爱情关系径路模式之分析研究[D]．彰化:国立彰化师范大学辅导研究所,1995.
[72] 王伟,高玉兰．性伦理学[M]．北京:人民出版社,1996.
[73] 王艳喜,雷万胜．自我效能感研究综述[J]．当代经理人,2006(14).
[74] 吴鲁平．当代中国青年婚恋、家庭和性观念的变动特点与未来趋势[J]．青年研究,1999(12).
[75] 肖水源,杨德森．中国传统价值观及其测量:理论构想[J]．中国行为医学科学杂志,2002(3).
[76] 徐安琪．择偶标准:五十年变迁及其原因分析[J]．社会学研究,2000(6).
[77] 许燕,王砾瑟．北京和香港青少年价值观的比较研究[J]．心理学探新,2001(4).
[78] 许远理．情绪智力与社会智力关系的探讨[J]．首都师范大学学报:社会科学版,2004(2).
[79] 薛亚利．2010 私人生活 30 年变革的全景呈现——评《屋檐下的宁静变革——中国家庭 30 年》[J]．家庭研究通讯,2010(14).
[80] 杨国枢,张春兴．中国儿童的行为发展[M]．台北:环宇出版社,1972.
[81] 杨国枢．中国人的性格[D]．台北:中央研究院民族学研究所,1988.
[82] 杨国枢．中国人的心理与行为:本土化研究[M]．北京:中国人民大学出版社,2004.
[83] 阴国恩,戴斌荣,金东贤．天津市大学生价值取向类型的调查研究[J]．天津师大学报,2000(2).
[84] 于海波,张大均,等．高师生职业价值观研究的初步构想[J]．西南师范大学学报,2001,3(2).
[85] 余华,黄希庭．大学生与内地企业员工职业价值观的比较研究[J]．心理科学,2000(6).
[86] 袁志晃．职业价值澄清活动对高一学生职业决策行为影响之实验研究[D]．彰化:彰化师范大学辅导研究所,1984.
[87] 张春兴．现代心理学[M]．上海:上海人民出版社,1994.
[88] 张岱年．中国哲学关于终极关怀的思考[J]．社会科学战线,1993(3).
[89] 张学智．’98 汉学研究国际会议哲学分会述要[J]．中国社会科学,1998(5).
[90] 赵永萍,张进辅．青少年审美价值观调查与分析[J]．西南师范大学学报:人文社会

科学版,2004,30.

[91] 周国韬,戚立夫. 人类行为的控制与调节——班杜拉的自我效能感理论述评[J]. 东北师大学报:教育科学版,1988(4).

[92] 康新贵. 重建价值观念[EB/OL]. http://club.dayoo.com/read-lhzq-231968.htm, 2008-11-13.

后 记

当前，世界知识经济全球化、信息网络化、政治多极化，对人们的价值观产生了很大的影响，尤其是对价值观正处于建立时期的青年。中西方文化之间的相互渗透和中国传统社会文化与时代特点的相互交融对青年个人价值观的形成产生了非常大的影响。本书在吸收古今中外个人价值观的一些理论观点的基础上，结合有关青年发展的生物学、心理学和社会学视角的研究文献，探讨了青年自我意识、精神、人格、婚姻家庭、生涯发展领域的个人价值观的结构和发展特征。面对知识经济的挑战，世界各国都把培养高素质创新人才作为适应未来经济社会发展的重要战略。青年是创新人才的重要组成部分和潜在力量，个人价值观的特征直接制约青年素质的提高。本书在编写方法上，力求把青年价值观的发展问题置于传统文化背景中，置于青年生理、心理和社会性等全面发展各个因素之间的互动氛围中，置于对当前青年的社会发展任务与青年发展现状的差距中，提出关于青年价值观发展的新观点，使青年人在新形势下充分认识自我，了解别人，洞察世界，追求卓越，更好地服务于社会。

青年个人价值观发展的系统研究是一个非常复杂的问题，本书所呈现的研究成果缺点在所难免。希望广大读者，特别是心理学、伦理学界的前辈给予教正，使新手变成新秀，在青年个人价值观发展研究领域作出更大奉献。

郑金香

2010 年 11 月 11 日于山东财政学院